船の文化検定 ふね検 試験問題集 NEO

監修　船の文化検定委員会

はじめに

　このたびは本書をご購入いただき、誠にありがとうございました。

　四方を海に囲まれた島国であるわが国の船の歴史は、先史時代の丸木舟に端を発するとされております。そして、縄文時代前期にはすでに外洋での航海が可能な大型の丸木舟が存在していたとも推察されています。

　以来、より遠くへ、より安全に航海するために、ただ木をくり抜いただけの丸木舟は変化をとげ、木を組み合わせて骨組みを丈夫にした構造船へと進化していきました。やがて航海術の発達とともに人は船で海を渡ることができるようになり、船は異国との交易や文化交流の橋渡し役として活躍してきました。小さな島国でありながら、船のおかげで世界と通じ、さまざまな分野で発展することができたといえます。

　いわば"海上交通なくして現在の日本文化はなかった"といっても過言ではないでしょう。

　船の文化検定（以下「ふね検」と略称）は、わが国の国民生活と歴史的にも長く、深い関わりをもつ「船」をテーマに、船に関する知識の探求はもとより、広く海事思想や海洋レジャーの健全な普及発展を願って創設されたものです。

　本書は、「ふね検」検定試験（初級／中・上級）に出題されるであろう設問と解説をまとめたものです。船に関する情報は、古くは丸木舟から現代における近代科学の粋を集めた大型船にいたるまで、多種多様です。本書では大きく、船の歴史、文化、仕組み、運航、遊びの五つの分野に分けて編纂されております。

　読者のみなさまにおかれましては、本書を基に船の文化・知識を学んでいただき、さらなる船文化への勉学、探求のきっかけとしていただければ幸いです。

船の文化検定委員会

ふね検の試験内容について

① 検定試験の種類

初級：比較的初歩的な問題で、必ず最初に受検する必要があります。
中・上級：初級に比べ、専門的またはマニアックな問題が含まれます。

※中級と上級は同一問題で、初級合格者を対象に行います。
　正解率により、中級、上級それぞれの合格を決定します。

② 受検資格：どなたでも受検できます。

③ 出題ジャンル（初級問題、中・上級問題ともに）

（1）船の歴史　　10問
（2）船の文化　　10問
（3）船の仕組み　10問
（4）船の運航　　10問
（5）船の遊び　　10問

④ 出題数：初級問題、中・上級問題ともに50問

⑤ 試験時間：1時間

⑥ 合格基準：初級　初級問題で行い、正解率70％以上
　　　　　　　　中級　中・上級問題で行い、正解率80％以上
　　　　　　　　上級　中・上級問題で行い、正解率90％以上

問題集からの出題：検定試験問題の75％程度が問題集から出題されます。

検定試験受検の申し込みおよび問い合わせは
船の文化検定委員会

〒231-0004 神奈川県横浜市中区元浜町3-21-2 ヘリオス関内ビル9階
一般財団法人 日本海洋レジャー安全・振興協会内
TEL.045-264-4172　FAX.045-264-4197
http://www.kazi.co.jp/public/book/huneken/huneken.html
http://www.jmra.or.jp

CONTENTS
目次

1 船の歴史
- ① 日本／江戸以前 　　10
- ② 日本／江戸時代 　　15
- ③ 日本／幕末〜太平洋戦争 　　20
- ④ 日本／現代 　　25
- ⑤ 日本／すべての時代 　　30
- ⑥ 世界／船の発明、古代、中世 　　35
- ⑦ 世界／近世、大航海時代 　　40
- ⑧ 世界／近代 　　45
- ⑨ 世界／現代 　　50
- ⑩ 世界／すべての時代 　　55
- ●日本の主な海事・海洋博物館その❶
  （北海道、東北、北陸） 　　60

2 船の文化
- ⑪ 船乗り、資格 　　62
- ⑫ 伝記、事の始まり 　　67
- ⑬ ことわざ 　　72
- ⑭ 単位 　　77
- ⑮ 号令 　　82
- ⑯ 船にまつわる呼称 　　87
- ⑰ 国別の慣習 　　92
- ⑱ 漁業 　　97
- ⑲ レース 　　102
- ⑳ 探検 　　107
- ●日本の主な海事・海洋博物館その❷
  （関東） 　　112

3 船の仕組み
- ㉑ 船型 　　114
- ㉒ 推進装置 　　119
- ㉓ 艤装／大型船 　　124
- ㉔ 艤装／小型船 　　129
- ㉕ エンジン 　　134

26 操船理論／大型船　　　　　　139
27 操船理論／小型船　　　　　　144
28 帆船　　　　　　　　　　　　149
29 大型船　　　　　　　　　　　154
30 小型船　　　　　　　　　　　159
● 日本の主な海事・海洋博物館その❸
（東海、近畿）　　　　　　　164

4　船の運航
31 航海技術、操船技術／大型船　166
32 航海技術、操船技術／小型船　171
33 航行中の船の動き、アンカリング　176
34 航海計器、通信機器　　　　　181
35 航路標識　　　　　　　　　　186
36 海図　　　　　　　　　　　　191
37 気象海象、天体①　　　　　　196
38 気象海象、天体②　　　　　　201
39 法規　　　　　　　　　　　　206
40 ロープワーク　　　　　　　　211
● 日本の主な海事・海洋博物館その❹
（中国、四国、九州）　　　　216

5　船の遊び
41 クルージング、セーリング　　218
42 フィッシング、トーイング　　223
43 料理、魚の知識　　　　　　　228
44 海に関する雑学①　　　　　　233
45 海に関する雑学②　　　　　　238
46 小説　　　　　　　　　　　　243
47 映画、音楽　　　　　　　　　248
48 マンガ、テレビ　　　　　　　253
49 施設　　　　　　　　　　　　258
50 その他　　　　　　　　　　　263

正解表　　　　　　　　　　　268

1

船の歴史

艪を漕いだり、帆を操ったり、蒸気で走ったり……。
船の歴史は、人間が海に残した文明の航跡です。

1 日本／江戸以前

問題1-1

次の文は、日本の古代の船について述べたものです。それぞれの文の（　　　）に当てはまる語句の組み合わせとして正しいものはどれでしょう。

A：日本の歴史書に初めて記載された船は、「古事記」の（a）である。
B：日本最古の丸木舟は、（b）の雷下遺跡で発掘されたのものである。

1. a：藁船（わらぶね）　b：石川県
2. a：葦船（あしぶね）　b：千葉県
3. a：藁船　b：千葉県
4. a：葦船　b：石川県

解説

古代の船

日本の古代の船は、世界の他の地域と同様、①丸太や動物の内臓を利用した「浮き」→ ②植物を束ねた「筏（いかだ）」→ ③木材をくりぬいた「丸木舟」→ ④木材や動物の皮を組み合わせた「皮舟」→ ⑤木材を組み上げた「構造船」の順に発達したといわれています。

①、②、④はその材料の特性から、日本はもとより世界でも現存するものは発見されていません。しかし記録としては、日本では最古の歴史書である「古事記」に、②の「葦を束ねた船」について、「日本を作った神、伊耶那岐（いざなき）と伊耶那美（いざなみ）が最初の子を葦の船に乗せて流した」という記述があります。

丸木舟は、縄文期のものが100隻以上出土していますが、平成25年11月に千葉県市川市の雷下遺跡で発見された、約7,500年前（縄文時代早期）のものが日本最古とされています。

雷下遺跡で発見された日本最古とされる丸木舟（写真：千葉県教育振興財団）

※各設問の正解表は268ページにあります。

問題1-2

7世紀から9世紀にかけ、国際情勢や大陸の文化を学ぶため、日本と唐を船で往復していた遣唐使。では、日本の僧侶に請われて遣唐使とともにやって来た、日本の律宗の祖となる唐の高僧は誰でしょう。

1. 鑑真(かんじん)
2. 龍樹(りゅうじゅ)
3. 曇鸞(どんらん)
4. 源信(げんしん)

遣唐使船を描いた日本の切手
（1975年発行）

解説

遣唐使船

　遣唐使は、当時の国際情勢や先端技術、あるいは大陸文化を学ぶために、十数回にわたって日本から唐へ派遣された公式使節です。大使・副使を筆頭に500～600人が船団を組んだ数隻に分乗して、2～3年がかりで往復しました。遣唐使の乗る船は手漕ぎの帆船で、今と違って非常に堪航性の低い船であったため、暴風などで難破することが多く、すべてが日本に戻って来ることはまれでした。

　鑑真は、遣唐使船で渡航した奈良・興福寺の僧侶、栄叡(ようえい)と普照(ふしょう)の請により、暴風による遭難や自身の失明などの苦難を乗り越え、天平勝宝5年（753年）に来日しました。東大寺に初めて戒壇(かいだん)を設け、聖武上皇らに授戒を行い、のちに戒律道場として唐招提寺(とうしょうだいじ)を建立しました。

　平成22年5月、中国で開催された上海万博に合わせ、史料を基に遣唐使船が再現されました。当時と同じルートをたどり、万博会場を目指して大阪港を出港しました。

問題1-3

神奈川県鎌倉市の材木座海岸の南端には、干潮になると、多数の石で作られた造作物の跡が現れる箇所があります。「和賀江島」と呼ばれるこの造作物は、何の跡でしょう。

1. 鎌倉幕府のころに作られた港の跡
2. 昔の漁師が投網で漁をするために設けた足場の跡
3. 戦国時代、干潮を利用して船底を手入れした架台の跡
4. 源頼朝の命によって建設に着手したものの、工事が中断した埋立地の跡

解説

和賀江島

　和賀江島は、貞永元年（1232年）に鎌倉幕府の執権、北条泰時らの尽力によって作られた我が国最古の築港遺跡、つまり港の跡です。沖で難破する船が多いことを憂いた僧侶、往阿弥陀仏の願い出によって計画が進められ、相模国の西部や伊豆国の玉石を用いて約1カ月で築いたといわれています。完成後は、宋の貿易船などが寄港し、幕府の交易の窓口としての役割を果たしました。

　江戸時代になってからも手を加えながら港として利用されていましたが、のちに崩壊が進み、現在では干潮時以外は海面下に沈んでいます。往時の完全な姿は分かっていません。昭和43年、文化財保護法による史跡に指定されました。

干潮時に姿を見せた和賀江島（「鎌倉ぶらぶら」HPより）

問題1-4

天正4年(1576年)の第一次木津川口の戦いで毛利水軍に大敗した織田信長が、2年後の第二次木津川口の戦いで、毛利水軍が得意とする炮烙火矢による火攻めに対抗するために仕立てた軍船は、どのような仕様だったでしょう。

1. 舷側全体を厚い鉄板で覆った
2. 海水をくみ上げるポンプを設置した
3. 甲板を難燃性のクジラの革張りにした
4. 火矢が届かないくらい舷側を高くした

解説

信長の軍船

石山合戦のさなか、一向宗の総本山、石山本願寺へ兵糧を運び込む毛利軍と、これを阻止せんと迎え撃つ織田信長との間で繰り広げられた木津川口の戦いは、戦国時代における最大の海戦といわれています。天正4年(1576年)

の第一次木津川口の戦いでは、村上・小早川連合水軍である毛利軍が、得意とする炮烙火矢の攻撃によって織田水軍をことごとく打ちのめしました。

大敗を喫した信長は、炮烙攻撃の防御を目的に、厚い鉄甲で船の外板を覆い、船首側に大砲3門を設置した1500石積の大型安宅船をわずか2年間で6隻も建造し、次の海戦に備えました。

天正6年(1578年)、第二次木津川口の戦いが勃発します。織田軍の指揮を執る九鬼水軍は前回と戦術を変え、鉄甲船を動かさず大阪湾を封鎖するよう要所に配備し、敵船を間近に寄せ付けて大砲で打ち崩す作戦をとりました。村上水軍の炮烙火矢の攻撃も鉄甲船には効果がなく、また砲撃を恐れて接近もできず、わずか数時間の合戦で織田軍が圧勝しました。

問題1-5

中世日本の瀬戸内海で活躍した海賊衆・村上水軍。その中で特に勢力が強かった三家は「三島村上氏」と呼ばれていました。では、その三家が拠点とした芸予諸島の島々はどれでしょう。

1. 大島・鵜島(うしま)・向島(むかいしま)
2. 鵜島(のしま)・能島・因島(いんのしま)
3. 来島(くるしま)・大島・向島
4. 能島・来島・因島

「今治市村上水軍博物館」所蔵

解説

村上水軍

平安時代末期ごろから、海上交通の要衝(ようしょう)である瀬戸内海西部の芸予諸島付近では、水上戦法や操船にたけた地方豪族である水軍が勢力を発揮していました。その中で、強力な海の武力を背景に、瀬戸内海の広い地域を支配していたのが村上水軍です。中でも戦国時代の能島村上水軍、来島村上水軍、因島村上水軍が強力で、三家を総称して「三島村上氏」といいました。

水軍は海賊とも呼ばれるように、戦時においては船を巧みに操った戦闘を得意とし、特に村上水軍は火薬を用いた戦いで他を圧倒していました。その一方で、平時には瀬戸内海の水先案内、海上警固、海上運輸など、海の安全や交易、流通を担う重要な役割も果たしていました。

天正16年(1588年)に豊臣秀吉が海賊停止令(海賊禁止令とも)を発すると、海賊衆(水軍)はその勢力を削がれ、歴史上から姿を消すことになりました。

② 日本／江戸時代

問題 2-1

江戸時代から明治時代にかけて、蝦夷地（北海道）の幸を上方にもたらした廻船、北前船。では、北前船は主にどのような航路を通ったでしょう。

1. 大坂〜潮岬〜東海道沖〜東北沖〜蝦夷
2. 大坂〜四国沖〜九州西岸沖〜日本海〜蝦夷
3. 大坂〜瀬戸内海〜関門海峡〜日本海〜蝦夷
4. 大坂〜淀川〜琵琶湖〜（陸路）〜若狭〜日本海〜蝦夷

解説

北前船

江戸時代、瀬戸内海、日本海を通って大坂と蝦夷地を結ぶ西廻り航路が確立し、ここを走る廻船を北前船と呼びました。太平洋を通る東回り航路のほうが距離的に近そうですが、黒潮の影響で航海が難しく、西回りの方が荷物を安く運ぶことができたことから、こちらの航路がさかんに利用されました。

北前船には、当時、貨物船として広く使われていた「弁才船」が使われ、北陸や東北の木材や米穀、蝦夷地の干魚やコンブなどの海産物が上方に運ばれました。また、上方からは塩、砂糖、反物などの雑貨が北の地に向かいました。

なぜ北前船と呼ばれたかについては諸説ありますが、北前が日本海の意味で、ここを走る船だから、というのが一般的なようです。

問題 2-2

江戸時代に、上方と江戸を行き来した樽廻船。単一の貨物を運ぶことで積み込みの合理化を図り、輸送時間の短縮を実現しました。では、その貨物とは何でしょう。

1. 醤油
2. 清酒
3. 味噌
4. 塩

長さ約34m、1,600石積の樽廻船（弁才船）〈住吉丸〉の1/5模型（写真：船の科学館）

解説

樽廻船

　江戸時代、大坂から江戸に運ばれる荷は「下りもの」と呼ばれ、江戸中期ごろまでは木綿、醤油、酒などの生活物資が海路、菱垣廻船で江戸へ送られました。

　多様な荷を乗せる菱垣廻船は、出帆するまでの荷役に長い日数を必要とします。また嵐などで打荷（船を軽くするため積荷を捨てること）をした場合に、その損害を荷主が均等に負担する共同海損制度がありました。

　そんな中、積荷のうちの酒は船倉の一番下に積まれるため、打荷されることが少ないにもかかわらず、打荷の損害をかぶることになる酒問屋は、菱垣廻船に対する不満を募らせます。また腐りやすい酒を一刻も早く運ぶ必要性もあり、享保15年（1730年）に酒専用の樽廻船問屋を結成し、菱垣廻船とは独立して樽廻船として酒荷だけを輸送するようになりました。

　樽廻船が始まると、新酒番船というその年に新しくできた酒を江戸へ運び込む順位を競うレースも始まりました。平均6日ほどの所要日数でしたが、最速は西宮から江戸までわずか58時間という記録も残っています。船の到着順位は賭博の対象にもなり、「かわら版」などで結果が配られました。

問題2-3

お風呂の浴槽に入ることを「湯船につかる」といいますが、浴槽が湯船と呼ばれるようになった理由は何でしょう。

1. 船底に穴が開いて水浸しになった船を湯船といったから
2. 浴槽に入っている姿が船に乗っているように見えるから
3. 船の中に浴槽を設けた移動式の銭湯があったから
4. 船大工が船の材料で浴槽を作っていたから

解説

湯船

　江戸時代の江戸の町は、川や運河が縦横に走り、今以上に水上交通がさかんでした。そこで働く人々のために、河岸には船の内部に湯桶を組み込んだ、移動式の銭湯がありました。これを湯船といいます。このころ普及し始めた銭湯は、大量に水を使える井戸がある街中にしかなかったので、湯船は河岸で働く船頭や船旅の客のほかにも、銭湯の少ない地域の人々を相手に川筋や運河筋を巡って営業していました。また、銭湯に比べ低料金であったので人気があったともいわれています。

　やがて、江戸の町が整備され、銭湯の件数が増えてくると湯船は廃れていきますが、言葉だけは残り、浴槽本体のことを湯船と呼ぶようになりました。

問題2-4

江戸時代、鮮やかな漆塗りで仕上げられ、さまざまな金具で装飾した、将軍や諸大名が乗るための豪華な屋形を設けた船を何というでしょう。

1. 安宅船（あたけぶね）
2. 屋形船
3. 漆塗船
4. 御座船（ござぶね）

解説

大名の船

　慶長14年（1609年）、江戸幕府は諸大名の水軍力を削減するため、500石積以上の大型船の所有を禁止するとともに、西国大名が持っていた強力な軍船・安宅船をすべて没収してしまいました。そのため、諸大名は安宅船に代わる船として、中型船である関船を制限一杯の大きさで建造しました。

　大名の中には、権威を誇示するため、大型化した関船をさらに鮮やかな漆塗りと煌びやかな金具で装飾し、豪華な屋形を設け、御座船（貴人の乗る「御座」のある船）として参勤交代などに用いることもありました。

　御座船の中でも、3代将軍家光の時代の寛永7年（1630年）に建造された〈天地丸〉は、将軍の御座船にふさわしい華麗な外観をしていました。大きさは500石積、船体すべてが朱の漆塗りで、廃船に至る幕末まで、200年以上も御座船の地位を保ちました。

　現在、昭和63年の瀬戸大橋開通に合わせて建造された遊覧御座船〈備州〉が〈安宅丸〉と改名し、東京湾で平成の御座船として就航しています。

問題2-5

日本に漂着したオランダ船〈リーフデ〉号に乗っていたウィリアム・アダムスは、徳川家康の信任を受け、外交顧問として活躍しました。では、日本初といわれるアダムスの功績はどれでしょう。

1. 洋式帆船を建造した
2. 洋式灯台を建設した
3. 洋式港湾施設を築港した
4. 民営洋式造船所を建設した

三浦按針の足跡を記念した「按針メモリアルパーク」
（写真：伊東観光協会）

解説

三浦按針(あんじん)

　イギリス人航海士、ウィリアム・アダムスを乗せた〈リーフデ〉号が豊後国(ぶんごのくに)臼杵(うすき)（現・大分県臼杵市）に漂着したのは、オランダを出港してから2年後の慶長5年（1600年）4月のことでした。大阪城に呼ばれたアダムスは、航海の様子を徳川家康から聞かれます。ここで家康の信を得たアダムスは、外交顧問として重用されることとなりました。

　慶長9年、アダムスは家康の命を受け、日本初の洋式帆船を建造します。浦賀水軍の総帥、向井将監(しょうげん)らとともに伊東（現・静岡県伊東市）の松川河口で80トンの帆船（ガレオン船）を建造し、この船で沿岸測量をしました。この時期、アダムスは相模国(さがみのくに)三浦郡逸見(いつみ)（現・神奈川県横須賀市）に領地を与えられて旗本となり、その知行地(ちぎょうち)と水先案内の職務により「三浦按針」と名乗りました。

　その後もオランダと英国の貿易船通航許可や平戸への商館設置を仲介し、平戸英国商館では商館員として勤務しましたが、元和6年（1620年）、祖国・英国への帰国がかなわないまま平戸にて生涯を閉じました。

③ 日本／幕末〜太平洋戦争

問題3-1

　江戸時代の末期、ペリー率いるアメリカ合衆国の海軍艦隊が浦賀沖にやって来た事件は、黒船来航と呼ばれています。では、この海軍艦隊を「黒船」と呼んだのはなぜでしょう。

1. タールで船体を黒色に塗っていたため
2. 煙突から黒煙をもうもうと立てていたため
3. 艦隊を一目見ようと黒山の人だかりができたため
4. ペリーを乗せた巡洋艦の艦名が〈ブラック〉だったため

解説

黒船来航

　嘉永6年（1853年）7月、マシュー・ペリー提督率いるアメリカ合衆国の海軍艦隊が、大統領の国書を携え、開国と通商を目的として浦賀沖に来航しました。

　ペリー艦隊は、巡洋艦4隻からなり、その木造の船体に塗られた防腐、防水のためのタール（石炭などから作る黒くネバネバした液体）の色から黒船と呼ばれるようになりました。

　人々の驚愕や徳川幕府の困惑ぶりを表す川柳「泰平のねむりをさますじょうきせん／たった四はいで夜もねむれず」は、当時流行したお茶の"上喜撰"と"蒸気船"をひっかけたものですが、実は4隻のうち2隻は汽船ではなく帆船でした。旗艦〈サスケハナ〉号と〈ミシシッピ〉号が汽船で、〈プリマス〉号と〈サラトガ〉号の両艦が帆船です。

　大統領の国書を手渡した後、翌年の春に再度来航することを言い残して一旦引き上げたペリー艦隊は、翌年2月、今度は9隻の大艦隊を率いて再び江戸湾に来航し、「日米和親条約」を締結して4月に去って行きました。

問題 3-2

安政7年（1860年）、日米修好通商条約の批准書を交換するために、日本初の遣米使節団がアメリカの軍艦に乗って太平洋を渡りました。この使節団には幕府の軍艦〈咸臨丸〉が随行しましたが、そのときの艦長は誰でしょう。

1. ジョン万次郎
2. 勝海舟
3. 福沢諭吉
4. 坂本龍馬

解説

日米修好通商条約と咸臨丸

　嘉永7年（1854年）、日米和親条約の締結により、200年近く続いた鎖国の時代が終わりました。その後も米国は新たな港の開港や自由貿易などを日本に求めましたが、当時の孝明天皇がこれに強く反対したため、幕府は天皇の許可を得ないまま、安政5年（1858年）に日米修好通商条約に調印しました。

　その2年後、互いの条約批准書を交換するために遣米使節団一行が軍艦〈ポーハタン〉号に乗って渡米しますが、このとき同艦に随行したのが〈咸臨丸〉です。艦長は勝海舟、他にジョン万次郎や福沢諭吉も同乗していました。

　自ら艦長を買って出た勝でしたが、冬の太平洋の航海は行程のほとんどが荒天であったため、勝は激しい船酔いで任務を果たせず、実質的に艦を指揮していたのは米国のブルック大尉であったといわれています。

問題 3-3

　日本で最初の蒸気船同士の衝突事故は、慶応3年（1867年）4月、瀬戸内海は備中鞆の浦で起きた、〈明光丸〉と〈いろは丸〉によるものです。この事故に対し、万国公法を盾に〈明光丸〉の持ち主である紀州藩との損害賠償交渉を行った〈いろは丸〉側の人物は誰でしょう。

1. 勝海舟
2. 西郷隆盛
3. 中岡慎太郎
4. 坂本龍馬

解説

蒸気船衝突事故

　〈いろは丸〉は伊予大洲藩（現・愛媛県大洲市）が所有していた西洋式の蒸気船で、坂本龍馬率いる海援隊が賃借し、諸藩に売るための武器類を積んで瀬戸内海を東に向かって航行していました。午後11時ごろ、備中・六島沖を航行中に反航してきた紀州藩の蒸気船〈明光丸〉と衝突。近くの鞆港（現・広島県福山市）に曳航される途中で沈没してしまいました。

　龍馬は鞆港にて万国公法を盾に損害賠償交渉を行いましたが、当時、この「いろは丸事件」のような蒸気船同士の衝突事故の判例がなかったため交渉は難航し、決着を見ずに〈明光丸〉は長崎へと出港していきます。

　交渉の舞台を長崎に移したところで土佐藩が乗り出し、英国海軍に公平な判断を仰ごうとしましたが、紀州藩はこれを拒否。最終的には両藩のトップによる会談となり、勝ち目のないことを悟った紀州藩は、薩摩藩の周旋によって賠償金の支払いに同意しました。ただし紀州藩からの賠償金が海援隊に渡ったのは、龍馬が京都で暗殺された後のことでした。

問題3-4

　明治23年（1890年）に起きたトルコの軍艦〈エルトゥールル〉号の遭難事故。紀伊半島先端にある大島村の島民による献身的な救護活動により多くの船員がトルコに帰還できました。では、この恩返しと称して、トルコが日本にしてくれたことは何でしょう。

1. 日露戦争時、当時最強といわれたロシア・コサック騎兵団との戦いでトルコ軍が後方支援をしてくれた
2. 第一次大戦時、日本海軍の病院船の護衛のためにトルコ海軍が戦艦を派遣してくれた
3. 第二次大戦時、イギリス領マレーシアで捕虜になる直前の日本人をトルコ政府のビザで出国させてくれた
4. イラン・イラク戦争時、イランに取り残された日本人をトルコ政府がトルコ航空を使って救出してくれた

解説

エルトゥールル号遭難事件

　明治23年9月16日深夜、暴風警報が発令中の紀伊半島南端の沖合いで、トルコの軍艦〈エルトゥールル〉号が岩礁に乗揚げ、遭難しました。大島村の島民は、総出で救助と生存者の介抱に当たり、その後回復した乗員は、軍艦〈比叡〉と〈金剛〉に分乗してイスタンブールへ向かい、無事帰還することができました。また、日本全国で義援金が集められ、トルコの遺族に送られました。

　時は流れて昭和60年、イラン・イラク戦争が激化する中、サダム・フセインが統治するイラクは、イラン上空を飛行する航空機の無差別撃墜を予告します。このとき、テヘランに残る250人余りの在留邦人に対し、当時のオザル・トルコ大統領が「今こそエルトゥールル号の恩を返そう」と、トルコ政府がトルコ航空を使って救出してくれました。空爆が迫る中での決死のフライトについて、駐日トルコ大使は「エルトゥールル号の借りを返しただけです」と述べています。100年経っても恩を忘れないトルコ国民に、頭の下がる思いです。

問題3-5

　明治38年（1905年）の日本海海戦において、ロシアのバルチック艦隊を迎え撃つ日本連合艦隊司令長官、東郷平八郎が、トラファルガー海戦でのイギリス・ネルソン提督にならって行ったことは何でしょう。

1. 海戦においてはまず敵将を倒すという海賊（水軍）の戦法を流用した
2. 敵艦隊の頭を押さえつける形で進路をはばむため丁字戦法をとった
3. 相手の艦隊を全滅させるために七段構えの戦法をとった
4. この戦いに敗れれば後がないという意味で士気を鼓舞する信号旗を揚げた

解説

日本海海戦

　日本海海戦は、日露戦争における最大の海戦です。日本海軍の連合艦隊は対馬海峡でバルチック艦隊を迎え、作戦担当参謀、秋山真之が「敵艦見ゆとの警報に接し、連合艦隊はただちに出動これを撃滅せんとす。本日天気晴朗なれども波高し」と大本営に打電するとともに、東郷平八郎は、旗艦〈三笠〉に旗旒（きりゅう）信号「Z」を掲げ、全艦艇に戦闘開始命令を下しました。当時の連合艦隊の信号簿でZ旗は「皇国ノ興廃此ノ一戦ニ在リ。各員一層奮励努力セヨ」という意味が割り当てられていました。Zはアルファベットの最後であることから、この戦いに敗れれば後がないという意味があり、英国海軍のネルソン提督もトラファルガー海戦（1805年）でよく似た意味の信号旗を揚げています。

　この海戦では、東郷平八郎が採用した東郷ターンとも呼ばれる丁字戦法によって戦闘を有利にし、さらに追い討ちをかける七段構えの戦法によってバルチック艦隊を攻撃し続け、連合艦隊は大勝利を収めました。

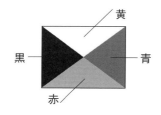

④ 日本／現代

問題4-1

平成21年5月に就役した海上自衛隊所属の南極観測船〈しらせ〉は、4代目の南極観測船です。では、歴代の船名を古い順に並べたものはどれでしょう。

1. しらせ → 宗谷 → ふじ → しらせ
2. ふじ → しらせ → 宗谷 → しらせ
3. 宗谷 → ふじ → しらせ → しらせ
4. しらせ → ふじ → 宗谷 → しらせ

解説

南極観測船

　日本の南極観測船の歴史は、昭和13年に進水した〈宗谷〉から始まります。耐氷型貨物船として建造された〈宗谷〉は、南極観測船に転用されて昭和31年から6次にわたる観測に従事した後、昭和37年に南極観測の任務を後継の〈ふじ〉に譲りました。

　初めから南極観測船として建造された〈ふじ〉は、18次もの観測に従事し、昭和58年に3代目の〈しらせ〉にバトンタッチしました。〈しらせ〉も、25年もの長きにわたって活躍し、平成21年に後継にその任を譲ります。後任の船名は一般公募で選ばれ、先代と同じ〈しらせ〉になりました。

　〈しらせ〉は、文部科学省・国立極地研究所の南極地域観測隊のために建造されており、その建造費は文部科学省が支出しています。ただし、運用は防衛省・海上自衛隊が行っている関係で、文部科学省では「南極観測船〈しらせ〉」、防衛省では「砕氷艦〈しらせ〉」と呼んでいます。

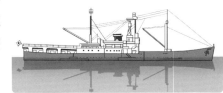

問題 4-2

横浜市の山下公園に係留中の〈氷川丸〉。昭和5年に建造され、数奇な運命をたどってきました。では、〈氷川丸〉が実際にはならなかったものはどれでしょう。

1. 北太平洋航路の定期旅客船
2. 日本海軍に徴用された病院船
3. 横浜港開港記念事業のユースホステル
4. 北洋さけます漁業の母船

解説

氷川丸

昭和初期、急増する貨客船需要に対し、日本郵船が、北太平洋航路向け定期旅客船として建造した6隻のうちの1隻が〈氷川丸〉です。シアトル航路を航行していた太平洋戦争前には、かのチャーリー・チャップリンをはじめ、約1万人が乗船しました。

昭和16年の在米日本資産凍結に伴い旅客船としての運航を中止し、海軍に徴用されて、病院船へ改装されました。大戦中は主にパラオなどの南方で活動し、三度も機雷に接触しましたが沈没することもなく、終戦を迎えました。

戦後は復員船に使用された後、昭和28年にはシアトル航路に再就航しましたが、船齢30年となる昭和35年に引退しました。

引退後は横浜港開港100周年記念事業としてユースホステルへの改装工事を受けて横浜港に係留され、海洋知識の養成、啓発の場として多くの人に親しまれました。その後、平成15年には横浜市指定有形文化財に指定され、現在も横浜港山下公園にて一般公開されています。

問題4-3

　第二次世界大戦後、日本の初代南極観測船〈宗谷〉は、SCAJAP（日本商船管理局）の管理統制下に置かれました。このとき〈宗谷〉に付与された管理識別番号（SCAJAP番号）は、次のうちどれでしょう。

1. R-118
2. S-119
3. T-120
4. U-121

写真：日本財団

解説

SCAJAP番号

　初代南極観測船として活躍した〈宗谷〉は、第二次世界大戦中、横須賀鎮守府部隊付属の特務艦として配備され、終戦後の昭和20年、GHQ（連合国軍総司令部）の命により在外邦人の引揚げ船としての任務に就きました。

　終戦当時、GHQは100トン以上の日本船を管理する目的で日本商船管理局（Shipping Control Authority for the Japanese Merchant Marine：SCAJAP）を設置しました。管理統制下にある船舶に管理識別番号（SCAJAP番号）を与え、日の丸の代わりにSCAJAP旗の掲揚と船体へのSCAJAP番号の表示を命じました。

　SCAJAP番号は4桁表示で、1文字目は船名のイニシャル、後ろ3桁は同一イニシャル内での通算番号になっていて、これに従い〈宗谷〉は「S-119」を表示しました。

　その後、すべての日本船舶がSCAJAP番号を消し、国旗の掲揚が許可されたのは、昭和26年9月のサンフランシスコ条約締結後のことでした。

問題4-4

　日本の国立研究開発法人・海洋研究開発機構（JAMSTEC）が所有、運用している有人潜水調査船〈しんかい○○○○〉。○○○○の部分にはこの船が潜ることができる最大深度の数値が入りますが、その深度は何メートルでしょう。

1. 2,000m　　2. 4,500m　　3. 6,500m　　4. 9,000m

解説

有人潜水調査船

写真：JAMSTEC

　日本の有人潜水調査船〈しんかい6500〉は、その名の通り、深度6,500mまで潜ることができます。全長9.7m、幅2.7m、高さ4.1m、空中では重さ約26.7トンもあります。内径2.0mの球状の船内（耐圧殻）にはパイロット2人と研究者1人の計3人が乗ることができます。最大速力は2.7ノット。通常潜航時間は8時間ですが、事故があった場合を想定してライフサポート時間は129時間あります。1989年の完成以来、日本近海に限らず、太平洋、大西洋、インド洋など世界中の海を支援母船〈よこすか〉とともに巡り、深海調査を行ってきました。2015年7月現在、のべ1,438回の潜航実績があります。

　〈しんかい6500〉は長い間、世界で最も深く潜ることができる有人潜水調査船でしたが、2012年6月、中国の〈蛟竜（ジャオロン）〉号がマリアナ海溝で7,000mを超える潜航に成功し、トップの座を明け渡しました。JAMSTECでは次世代の有人潜水調査船〈しんかい12000〉の構想を立てています。

問題 4-5

若者に人気の水上オートバイ。日本でこの原型を開発したのは、どのオートバイメーカーでしょうか。

1. ホンダ
2. ヤマハ
3. スズキ
4. カワサキ

解説

PWCの原点

　水上オートバイまたはPWC（パーソナルウォータークラフト）のことを「ジェットスキー」と呼ぶことがありますが、これはカワサキの水上オートバイの商品名です。1971年、アメリカ人ジェフ・ジャコブスが「エキサイティングで新しいレクリエーショナル・ウォータークラフトを商品化してほしい」とカワサキモータースコーポレーション・アメリカの販売会社にアプローチしてきたのが原点といわれています。

　1973年、最初の市販モデル「JS400」が登場しました。これはスタンディングタイプ（艇上に立って、上下可動式のハンドルを持って操船する）でしたが、現在の水上オートバイの主流はシッティングタイプ（シートに座って操船する）になっています。なお世界レベルで見ると、1967年にカナダのボンバルディエ社（現BRP社）が発売した「シードゥー」が、やはりジェット推進装置を備えた水上オートバイのルーツ的な存在として知られています。

5 日本／すべての時代

問題5-1

　安政元年（1854年）の安政大地震による津波で、伊豆の下田湾に停泊中のロシアの軍艦〈ディアナ〉号が大破しました。修理のため君沢郡の戸田村へ回航中、嵐に遭って沈没してしまいましたが、その代船として建造された洋式帆船は何と命名されたでしょう。

1. イズ号　　2. シモダ号　　3. キミサワ号　　4. ヘダ号

解説

ディアナ号遭難事件

　安政元年（1854年）11月、日露和親条約締結交渉のために伊豆・下田湾に停泊していたロシアの軍艦〈ディアナ〉号は、安政大地震による大津波で大きな損傷を受けました。修理のために君沢郡の戸田村（現・沼津市）に回航中、暴風雨のため沈没していまいます。使節プチャーチンは、帰国用の代船の建造を幕府に願い出て、戸田での建造が許されます。

　本格的な洋式帆船の建造技術を習得する好機と、幕府は地元はもとより江戸からも優秀な船匠や鍛冶を戸田に呼び寄せました。

　沈没した〈ディアナ〉号から引き上げた帆船の図面をもとに、全長22mの2本マストのスクーナー型帆船が建造されました。地名にちなんで〈ヘダ〉号と命名され、もう1隻の同型船とともに、プチャーチン一行は無事ロシアへの帰途につきました。

　この〈ヘダ〉号の同型船「君沢型」はその後何隻も建造され、建造に係わった船大工たちは、その後の日本近代造船や海軍創設における中心的な役割を果たしました。

昭和50年（1975年）に水深24mの海底から引き上げられた〈ディアナ〉号の錨（写真：静岡県富士市）

問題 5-2

明治5年(1872年)、明治政府は英国のルールに準拠した海上交通ルールを定めました。では、このとき定めた法令を何というでしょう。

1. 海上衝突予防規則
2. 海上交通安全規則
3. 船灯規則
4. 蒸気郵船規則

解説

明治の海上交通ルール

　明治3年(1870年)、英国公使のパークスは、日本船が海上交通ルールを認識していないため危険であるとして、すみやかに海上交通ルールを遵守するよう、明治政府に警告しました。これを受けた明治政府は、英国の海上衝突予防規則(1863年制定)に準拠して、明治5年、太政官布告第209号をもって「船灯規則」を制定しました。

　この規則は、船灯のみならず航法についても規定し、海上での衝突予防を目的とした内容でした。また「船々ニトモストモシ火上ハ白　右ハミトリニ左リクレナヒ(船々に灯す灯火上は白、右は緑に左紅)」という和歌を添え、「此歌ヲ暗記シ置ク可シ右ノミノ字ハ緑ノミノ字ナレハ記憶シ易カル可シ」という解説まで付けて理解を容易にする工夫をしていました。

問題 5-3

日本にヨットが伝わったのは明治期といわれています。明治15年（1882年）に、後に司法大臣を務めた金子堅太郎の子息がヨットを建造してここで楽しんだ、として「日本ヨット発祥の地」の碑が建っている港はどこでしょう。

1. 神奈川県葉山町・鐙摺港（あぶすり）
2. 福岡県福岡市・博多港
3. 山口県下関市・関門港
4. 兵庫県神戸市・須磨港

解説

日本におけるヨットの草創期

　幕末の文久元年（1861年）、外国人が多く集まっていた長崎で、英国人貿易商オルトが60ftのスクーナー〈ファントム〉号を造ったのが、日本にヨットが伝わった始まりとされています。

　しかし、このときのオーナーはあくまで外国人。日本人では明治15年に、後に司法大臣を務めた金子堅太郎の子息が、ヨットを建造して神奈川県葉山町の沖でヨットを楽しんだとされています。その記念碑が同町・鐙摺港（現在の正式名称は葉山港）に建立されています。

問題 5-4

沖縄の漁師が使うこの舟。操縦の難しさからだんだん廃(すた)れてしまいましたが、この舟の伝統を継承しようと、近年はこれを使ったレースも行われています。では、この舟の名称は何でしょう。

1. ポラッカ
2. ベンタ
3. カッター
4. サバニ

解説

沖縄の船

　沖縄には、本島北部の山原(やんばる)港から木材や炭、薪(まき)などを南部へ運び、帰りには生活物資を運んだとされる山原船（マーラン船ともいう）のように、沖縄の海の環境が育くんだ独特の船があります。

　サバニもその一つで、船底が平らになっており、礁湖内など浅瀬も航行できるように工夫されています。長さは5～10mで、古くから沖縄の漁師が使っていました。エークと呼ばれる櫂(かい)を使って推進したり、エークを舵代わりに使い四角帆で帆走したり、近年はエンジンでも航行しますが、特に帆走時の操船は難しいとされています。

　サバニ文化の普及継承を目的に、平成12年から「サバニ帆漕レース」が毎年6月に開催されています。

問題5-5

　海上保安庁の船艇には、船名の他にアルファベットの記号が付けられています。では、次の記号とその記号が表す船舶の組み合わせが正しくないものはどれでしょう。

1. PM：巡視船
2. FL：消防船
3. HL：ヘリコプター搭載型巡視船
4. LM：灯台見回り船

解説

海上保安庁の船艇

　海上保安庁は、海上の安全・治安の確保を図ることを任務としています。船舶を使用しての主な業務には、警備救難業務、航路標識業務、海洋情報業務があります。

　警備救難業務は、海難救助や海上での犯罪捜査などを行うため、巡視船や特殊警備救難艇などが配備されています。航路標識業務では、航路標識の設置や維持管理を行うため、設標船や灯台見回り船が配備され、海洋情報業務では海洋データの収集などのため、測量船が配備されています。

　また、各船艇には船名の他に業務の区分と大きさを組合せた記号を付して船型を区別できるようにしてあります。

■業務の区分　　P：巡視船　　F：消防船　　H：測量船　　L：設標船／灯台見回り船
■大きさの区分　L：Large（大きい）　　M：Medium（中くらい）　　S：Small（小さい）
　　　　　　　※大きさは、同じ表記でも船種によって同一ではない

（例）
PLH「Patrol Vessel Large with Helicopter」：700トン型以上の大型巡視船でヘリコプターを搭載するもの
PM「Patrol Vessel Medium」：350トン型以上の巡視船
HL「Hydrographic Service Vessel Large」：500トン型以上の測量船
LS「Light-House Service Vessel Small」：50トン型未満の灯台見回り船
FL「Fire Fighting Boat Large」：FL型巡視船（消防船）

6 世界／船の発明、古代、中世

問題6-1

1954年にエジプト・ギザの大ピラミッドの付近で発見された全長40メートルを超える大型木造船は、古代エジプトのクフ王のために作られたとされています。このクフ王の船を、通称、何と呼ぶでしょう。

1. 太陽の船　　2. 月光の船　　3. 新緑の船　　4. 晴天の船

解説

古代の船

　1954年に発見された、木造船としては世界最古とされる太陽の船は、全長42.32m、全幅5.66mで材質は主に杉でできています。10数年の歳月をかけて復元され、一緒に出土した縄などとともに「太陽の船博物館」に展示されています。古代エジプト・古王国時代第4王朝のファラオであったクフ王のために、紀元前2500年ごろに作られたとされ、その利用目的は明らかになっていませんが、実際に水面に浮かべた痕跡が残っています。

　エジプト文明はナイル川を中心に発展しました。ナイル川は周辺に栄養分豊かな土壌を作るとともに、古代エジプトの人々にとって、宗教や儀礼、日常生活に必要不可欠な交通の大動脈の役割を果たしていました。

　今から4,500年以上も前、すでに肋材(ろくざい)と外板からなる複雑な構造の船を作る造船技術や櫂や帆を利用して運航する操船技術があったのですね。

問題6-2

　旧約聖書に登場する「ノアの方舟(はこぶね)」の長さ、幅、高さの比率は、現代のタンカーなどでも採用される最も安定がよいものと同じであったといいます。では、その比率とはどれでしょう。

1. 35：4：3
2. 30：5：3
3. 25：4：2
4. 20：5：2

解説

ノアの方舟

　旧約聖書の「創世記」に登場するノアの方舟は、大洪水を起こしてこの世を一掃しようと考えた神が、信仰心の厚いノアとその家族を助けようとして作らせた船です。ノア（当時600歳）は、神から、長さ300キュビト、幅50キュビト、高さ30キュビトの船の作成を告げられ、100年かけて方舟を製作しました。

　方舟の単位・キュビト（原語はアンマ）は、古代メソポタミアで生まれ、西洋の各地で使われてきた長さの単位で、中指の先から肘までの間の長さを示す身体尺です。名称はラテン語で肘を意味するcubitumに由来し、ノアの方舟のころの古代イスラエルでは、1キュビトは、45cmくらいだったといわれています。

　これで換算すると、方舟は長さ135m、幅22.5m、高さ13.5mほどとなりますが、この「長：幅：高＝30：5：3」の比率は、現代の大型タンカーなどに採用されるものと同じであり、神のお告げが、船舶工学を駆使した近代船舶と同じということに驚きを禁じ得ません。

問題6-3

下の図は、紀元前2500年ごろの古代エジプトで、それまでナイル川に限って航行していた船を、地中海を航海できるように改良した船です。ではAは何でしょう。

1. 川に比べて波浪が大きい海に備えるための命綱
2. 長距離移動に利用する帆（格納した状態）
3. 数隻を横につなげ、船団とするための支柱
4. 船首と船尾が垂れ下がらないための引き綱

解説

河から海へ

紀元前3000年ごろまでもっぱらナイル川のみを航行していた船が、紀元前2500年ごろから地中海を航海できるようになったのは、川船と同じ製法ながら海洋航行に耐えられる二つの工夫がなされたためでした。

当時の船は竜骨（キール）がなく、波を受けると船首尾が重みと揺れにより垂れ下がり、船体中央から折れる恐れがありました。そこで、一つ目の工夫として図中の（A）に示す太い綱（ホギング・トラス）で船首尾を繋ぎました。綱を張ることにより、この垂れ下がりを防いだわけです。

もう一つの工夫は、ホギング・トラスの圧力による外板の歪みを防ぐために、船べりのすぐ下に船体を取り囲む縄（ガードル・トラス）を取り付けて補強をしたことです。

問題 6-4

　古代ギリシャや古代ローマの時代の地中海で軍船として活躍したこの船は、速力を上げ、機動性を高めるためオールを何層にも配したものがありました。では、紀元前5世紀ごろのギリシャの三橈漕船(さんどうそうせん)が有名なこの船は何でしょう。

1. コッカ船
2. ハルク船
3. ガレー船
4. コッグ船

解説

古代の軍船

　紀元前30世紀ごろから交易、商業、航海の民として地中海で活躍し、アルファベットを発明したことでも知られているフェニキア人。彼らが貿易用の帆船の護衛として、大型船にオールを多数配し、人力でも速力が出せるようにしたのがガレー船の始まりです。

　ガレー船は、漕ぎ手を多く必要とするため大量の荷を積めないことから、戦闘用の船として発達します。速力を出すためのオールは複数段に増え、三橈漕船と呼ばれる上下3段にオールを配したものまで現れました。

　また、船首に衝角（ラム）と呼ばれる突起を持ち、相手船の船腹を突き破って撃沈させるといった特徴があり、長い間海戦の主力でしたが、帆装の改良や大型化に加え、火砲の開発が進み、次第にその座を帆船に譲っていきました。

　1571年、ギリシャのレパント沖で行われたオスマン帝国艦隊（イスラム教国）と神聖同盟艦隊（キリスト教国）によるレパントの海戦が、ガレー船を主力として戦った最後の海戦といわれています。

問題6-5

　8世紀から11世紀にかけてヨーロッパを席巻したバイキングは、優れた造船技術と航海術を持っていました。そのバイキングの航海を支えた、ロングシップと呼ばれる船の特徴は何でしょう。

1. キール（竜骨）を持ち、軽量で喫水が浅い
2. 衝角と呼ばれる、長く突き出した戦闘用の角が舳先にある
3. 漕ぎ手を上下に配し、多人数で長い時間漕げるようになっている
4. 3本のマストと三角帆を備え、人力に頼らず長い距離の航海ができる

解説

バイキング

　バイキングは、8世紀から11世紀にかけて300年以上もの長きにわたりヨーロッパを席巻したスカンジナビアの海賊で、その名称の語源は古ノマド語の「入江」や「湾」を指す「vik：ヴィーク」であるとされています。

　バイキングが初めて歴史に登場するのは、793年6月に起きたイングランド北東部沿岸のリンディスファーン修道院の襲撃とされ、その後、他の国を凌駕する航海術や工業的技術、あるいは軍事力により、ヨーロッパ諸国を侵略し、植民地化していきます。

　その侵略行為を可能にしたのが、ロングシップと呼ばれる軽量で喫水が浅い船です。優れた造船技術で作られたその船は、本格的なキール（竜骨）を持ち、高い強度は外洋での帆走を可能にし、水深の浅い河川にも侵入できました。船でいきなりやってくる神出鬼没なその行動に各国は怯えました。

　しかし、それまでの宗教からキリスト教への改宗によって好戦的でなくなったバイキングは、領土拡大の欲求を失い、その勢力は次第に衰えていきました。

7 世界／近世、大航海時代

問題7-1

歴史の教科書で教わったアメリカ大陸発見。では、ヨーロッパ人として初めてアメリカ大陸に渡ったのは誰でしょう。

1. イタリア生まれのアメリゴ・ヴェスプッチ
2. アイスランド生まれのレイフ・エリクソン
3. イタリア生まれのクリストファー・コロンブス
4. ドイツ生まれのマルティン・ヴァルトゼーミュラー

解説

アメリカ大陸発見

　新大陸の発見者といわれるコロンブスが、1492年に〈サンタマリア〉号で到達したのはアメリカ大陸の南東部に浮かぶバハマ諸島でした。その後、アメリゴ・ヴェスプッチの探検により、コロンブスの発見した島の先に新大陸があることが定説となりました。このヴェスプッチの報告を取り入れた地図をドイツの地理学者ヴァルトゼーミュラーが作成し、アメリゴにちなんで新大陸をアメリカと呼んだのが、アメリカの呼称の由来となっています。

　北欧の海賊・バイキングの一部は大西洋を渡ってアイスランドに入植し、後にグリーンランドを発見します。西暦1000年、アイスランド生まれのレイフ・エリクソンが南への探検に出発。ヴィンランド（現在のカナダ・ニューファンドランド島北端）を発見し、前線基地を作って帰還しました。現地ではバイキングの遺品である糸車や鍛冶屋の跡が発見されており、初めてアメリカ大陸に到達したヨーロッパ人は、このバイキングというのが定説となっています。

バイキングの航跡

問題7-2

1271年からの20数年にわたるマルコ・ポーロの東方諸国での見聞を綴った「東方見聞録」。その中には帰路の航海中に出会ったさまざまな船のことが記されています。では、当時の中国で見た「竹の竿を組み合わせて張り広げた横帆を持つ、非常に大型の船」とは何のことでしょう。

1. サンパン　　2. ダウ　　3. マラカブ　　4. ジャンク

解説

中国形船

　中国の海や湖、河川などで見られる横帆を揚げた独特の帆船が中国形船であり、ジャンク（junk）はその代表例です。船底が平たく喫水が浅く、どこでも自由に航行できます。一枚帆の横方向に割り竹が挿入されており、ある程度風上に切り上がることができます。帆をマスト頂上部でつるしているため、不意の荒天にも素早く帆を降ろすことができます。

　船内は縦横に設けられた隔壁により多数の水密区画に区分され、縦通材として竜骨がないのが特徴です。何千年の昔から、一貫した造船法で建造されており、外国の造船技術を取り入れずに、現在でも現役として帆走している船もあります。

問題7-3

中国は明の時代、永楽帝の命により、武将、鄭和は7度にわたる南海への大航海の指揮を執りました。では、鄭和率いる艦隊の旗艦の名称は何でしょう。

1. 宝船（ほうせん）
2. 楽船（らくせん）
3. 光船（こうせん）
4. 祭船（さいせん）

写真：東康生

解説

鄭和の南海大遠征

　明代永楽帝に太監として仕えた鄭和は、永楽3年（1405年）より30年近くかけて7回もの大航海事業を行いました。その訪問地は、マラッカ海峡、南インド、アラビア半島そして東アフリカにまで及んでいます。この南海遠征を可能にしたのは、宋・元時代のジャンク船で培われた造船技術と航海術といわれています。

　総司令官、鄭和の乗る「宝船」は、この鄭和艦隊の旗艦で、「明史・鄭和伝」によれば、長さ44丈4尺、幅18丈と記されていて、現在の寸法に換算すると、長さは120m、幅は50mを超えます。半世紀後のコロンブスのサンタマリア号が、長さ25.5mであったので、当時としてはまさに巨大戦艦と呼ぶに値する大きさでした。

　ところで、遠征先からの数々の土産物は、当時の朝廷に莫大な利益をもたらしたようですが、遠征全体の収支は完全に赤字超過だったようです。

問題7-4

　15世紀から17世紀にかけての大航海時代、ある者は国王の命を受け、またある者は一攫千金(いっかくせんきん)を目論み、自ら志願して港を後にしました。では、以下の航海者と彼らを任命した国の組み合わせのうち、間違っているものはどれでしょう。

1. ペドロ・カブラル ……………… ポルトガル
2. バルトロメウ・ディアス………… スペイン
3. ヴァスコ・ダ・ガマ …………… ポルトガル
4. フェルディナンド・マゼラン …… スペイン

解説

大航海時代の勇者たち

　12世紀に誕生したポルトガル王国は、交易ルートの開拓と領土の拡大を目指し、15世紀になるとアフリカ大陸の周辺海域をさかんに探検し始めます。

　1488年、ポルトガル国王ジョアン2世の命を受けたバルトロメウ・ディアスがアフリカ最南端の喜望峰に到達、10年後の1498年には次の国王マヌエル1世の命を受けたヴァスコ・ダ・ガマが喜望峰を通過してインドに到着し、東回りの交易ルートを確立しました。1500年、同じくマヌエル1世の命を受けてインドに向かったペドロ・カブラルは、航海の途中で嵐に遭遇し、西に流されて偶然ブラジルに到達しました。

　一方、ポルトガルの貴族であったフェルディナンド・マゼランは、マヌエル1世に西回りの香料諸島交易ルート開拓を進言しますが、同意を得られなかったため隣国のスペインにプランを持ちかけます。ポルトガルの成功に焦燥感を募らせていたスペイン国王カルロス1世はこれに賛同し、1519年、マゼランの世界一周航海が始まりました。

問題 7-5

19世紀、中国からイギリスまでいかに速く紅茶の一番茶を届けるかを競った快速帆船「ティークリッパー」。その1隻で、当時のままの姿でロンドンで保存展示されていたところ、2007年5月に火災に遭った、スコッチウイスキーの銘柄にその名を留めるティークリッパーの船名は何でしょう。

1. ジョニーウォーカー
2. カティーサーク
3. バランタイン
4. マッカラン

解説

クリッパー

　クリッパー（clipper）は快速帆船と訳されることもあります。19世紀に活躍した帆船で、その語源は「第一級のすばらしい人または物」という説と、クリップ（早い速度）から「快速船」という意味になったという説があるそうです。

　最初はアメリカで、のちにイギリスでも建造されるようになったクリッパーは、輸送する荷物によってティークリッパー（茶）、ウールクリッパー（羊毛）などと呼ばれました。スピードを求めた船型は流麗で美しく、多くのファンを生み、いまでも人気があります。

　〈カティーサーク〉号は現存する唯一のティークリッパーとして、ロンドン近郊で保存展示されていましたが、2007年5月、失火による火災で大きな被害を受けました。ただ、分解修復中であったため、マストなど取り外してあった部材も多く、復元に着手することができました。必要な費用4,600万ポンドのうち、政府が300万ポンド、残りは民間の寄附などで賄って、復元作業を遂行。2012年4月25日、エリザベス女王によって一般公開の再開が宣言されました。

8 世界／近代

問題8-1

現在、国際海洋法条約によって領海は最大12海里と規定されていますが、18世紀半ばの領海は、1702年にオランダのバインケルスフークが著書「海洋主権論」の中で初めて提唱したある説をもとに、3海里と決められていました。では、この3海里の根拠となったものとは何でしょう。

1. 燃やした火が目視できる距離
2. 鳴らしたドラの音が聞こえる距離
3. 大砲の弾丸が到着する距離
4. 人が海岸から見通せる距離

解説

領海3海里説

沿岸に隣接する海域で、一国の主権が及ぶ領海の幅をどのくらいにするかは、昔からさかんに論議されてきました。オランダのグロティウスは「自由海論」(1609年)を、これに対抗するイギリスのセルデンは「閉鎖海論」(1618年)

を唱え、17世紀の後半になるとドイツの学者プーフェンドルフは領海の概念は海岸から見える範囲とする閉鎖海論と同思想の「視界説」を唱えました。

18世紀に入るとオランダの国際法学者バインケルスフークは、広い海洋における自由の確立と、沿岸国の海岸に接続する海の領有を容認する説を唱えました。それが「着弾距離説」で、その範囲を海岸から大砲の弾丸が到達する距離までとし、「国土の支配権は武力の尽きるところに終わる」と提唱しました。多くの国々がこれを支持し、当時の大砲の弾丸が到達する距離は3海里であったところから、これが領海3海里説の起源になったといわれています。

問題8-2

イギリスでは知らない人がいないともいわれる「バウンティ号の反乱」ですが、その〈バウンティ〉号がイギリス政府の命を受けて西インド諸島に運び込む予定だった南太平洋の作物は何でしょう。

1. バナナ
2. パンノキ
3. タロイモ
4. ココヤシ

〈バウンティ〉号を追放されるブライ艦長らを描いた仏領ポリネシアの切手

解説

バウンティ号の反乱

イギリス政府から西インド諸島へのパンノキ（クワ科の常緑樹で、果実は食用となる）の移植の命を受けたウィリアム・ブライ艦長は、わずか215トンの3本マストの帆船〈バウンティ〉号で、1787年12月にイギリスを出航しました。

苦しい航海の末タヒチに到着し、パンノキを積み込んで西インド諸島に向かいましたが、ブライ艦長の厳しさに不満を抱いていた乗組員たちが反乱を起こし、艦長と彼に忠実な部下を救命艇で追放しました。

反乱者を乗せた〈バウンティ〉号はタヒチに戻り、一部はイギリスの海図に載っていないピトケアン島で生活を始めます。艦長を乗せた救命艇は、奇跡的にティモール島（インドネシア）にたどり着き、艦長はイギリスに戻って事件を報告しました。イギリス政府はただちに〈バウンティ〉号捜索隊を出航させ、タヒチで反乱者の一部を逮捕しましたが、ピトケアン島に逃れた首謀者の副長は見つかりませんでした。

ブライは別の船の艦長となり、1791年にパンノキを西インド諸島に運び込みました。

問題8-3

　1805年、イギリス海軍がフランス・スペイン連合艦隊を破ったトラファルガー海戦で、イギリス海軍の旗艦〈ヴィクトリー〉のネルソン提督が、僚艦に士気を鼓舞する旗旒(きりゅう)信号を送りました。では、この信号は何枚の信号旗で構成されていたでしょう。ただし、開始と終了の旗を除きます。

1. 15枚
2. 24枚
3. 31枚
4. 40枚

解説

トラファルガー海戦

　トラファルガー海戦は、1805年10月21日、ジブラルタル海峡北西のトラファルガー岬沖でネルソン提督率いるイギリス艦隊とヴィルヌーヴ提督率いるフランス・スペイン連合艦隊が相まみえたナポレオン戦争最大の海戦です。開戦に先立ち、ネルソン提督は僚艦に旗旒信号で「England expects that everyman will do his duty（イギリスは各員がその義務を果たすことを期待する）」と送ります。本文31枚、信号開始と信号終了の旗各1枚を含む合計14セット33枚の信号旗が、旗艦のマストに翻りました。

　ネルソン提督は旗艦〈ヴィクトリー〉を先頭とする2列縦隊で風上からフランス・スペイン連合艦隊に突入し、砲撃を受けながらも艦列を分断して潰乱させ、大勝利を収めました。イギリス艦にはほとんど損失はなかったのですが、ネルソン提督はフランス軍の狙撃を受け、この戦いで亡くなりました。この海戦の結果、イギリスが制海権を掌握し、ナポレオン1世はイギリス本土侵略をあきらめました。

問題8-4

　1845年、イギリス海軍省は、初めて採用するスクリュープロペラ式蒸気船の実力を知るため、トン数と馬力がほぼ等しい外輪式蒸気船と競わせました。では、スクリュープロペラ船導入の決定打となったその比較の方法とは何でしょう。

1. 両船の船尾をつないで綱引きをさせた
2. 同じ量の石炭を焚いて航続距離を比べた
3. 同時に発進させて1ケーブルを競争させた
4. どちらがより大きな船艦を曳航できるかを比べた

解説

スクリュープロペラ船

　外輪式蒸気船は、外輪（パドル）の大部分が水上に出て推進力に役立っていないこと、左右に揺れると片舷の外輪が持ち上がり、推力のバランスが崩れること等の欠点がありました。

　その欠点を解消するために、水中に没したスクリュープロペラを回して推力を得る船が、スウェーデンとイギリスで同時期に開発されました。

　スクリュープロペラ船に関心を示したイギリス海軍省は、その実力を知るために、1845年、トン数と馬力が等しいスクリュープロペラ式蒸気船〈ラトラー〉号と外輪式蒸気船〈アレクト〉号の船尾同士をつないで綱引きをさせる公開実験を行いました。その結果、〈ラトラー〉号が2.8ノットの速度で〈アレクト〉号を引きずりました。その後、別の船による同様のテストを経て、スクリュープロペラ船が採用されることとなりました。

問題8-5

　帆船時代の海戦におけるヨーロッパ各海軍の艦隊の陣形は、最上級の司令官が先頭の艦（旗艦）に搭乗し、ナンバーツーの者が２番手の艦に、そしてナンバースリーの者が最後尾の艦に搭乗するかたちが主流でした。では、このような並び方の陣形を何と呼ぶでしょう。

1. 斜線陣（しゃせんじん）　2. 鶴翼（かくよく）　3. 魚鱗（ぎょりん）　4. 単縦陣（たんじゅうじん）

解説

艦隊の陣形

　無線などがまだ存在しない帆船時代や、相手の傍受を警戒して無線があっても使えないような状況では、艦隊を一つの意志のもとに運動させることがなかなかやっかいでした。そこで編み出されたのが、艦隊の各艦が縦一列に並ぶ陣形である単縦陣です。

　このような配列になったのは、旗艦が沈んでも２番目の艦が指揮を執ることができることや、全艦が一斉に反転してもそれまで最後尾にいた艦が指揮を執るのに都合がよかったからです。

　ただ、この陣形は、船側から攻撃する砲撃戦には有利ですが、古い時代のガレー船が衝角を突き合わせるような戦いには不利とされています。

　日露戦争の日本海海戦において連合艦隊と戦ったロシア艦隊は、この陣形を組んで行動していました。

⑨ 世界／現代

問題9-1

1912年の建造当時、世界最大の豪華客船であった〈タイタニック〉号が大西洋上で沈没した直接の原因は何でしょう。

1. 津波を受けて転覆した
2. 氷山に衝突した
3. 潜水艦と衝突した
4. ハリケーンによる高波を受けた

解説

タイタニック

　全長268.8m、全幅27.7m、総トン数46,328トン。当時、世界最大の豪華客船〈タイタニック〉は1912年4月10日、E.J.スミス船長以下、乗員乗客合わせて2,200人以上を乗せて、イギリスのサウサンプトン港から処女航海に出航しました。

　最終目的港はニューヨークでしたが、出航から5日目の4月14日、大西洋のニューファンドランド島沖に達したときに高さ20m弱の氷山に衝突しました。その日は朝から当該海域における、流氷群の危険を知らせる無線通信が受理されていたのですが、いつものこととないがしろにされていました。さらに当直用望遠鏡の入ったロッカーの鍵の引き継ぎが出航前にできていなかったために、望遠鏡を使用することができず、肉眼で氷山を発見したのはわずか450m手前だったといわれています。

　衝突から2時間40分後の15日2時20分、海底に沈没。犠牲者数は1,513人（さまざまな説があります）にも達し、当時世界最悪の海難事故となりました。

問題9-2

　1945年、アメリカ海軍の巡洋艦がフィリピン海で日本海軍の潜水艦による魚雷を受けて沈没しました。投げ出された多くの乗組員がサメの犠牲となり、映画「ジョーズ」には乗組員の生き残りと称する人物が登場するこの巡洋艦の艦名は何でしょう。

1. インディアナポリス　　2. ウエストヴァージニア
3. プリンスオブウェルズ　4. スプリングフィールド

解説

サメの恐怖

　アメリカ海軍の巡洋艦〈インディアナポリス〉号は、広島、長崎に投下する原爆の放射性物質をテニアン島に届けるという密命を受けていました。この輸送作戦は極秘裏に行われたため、アメリカ海軍当局でさえその就航計画を知りませんでした。貨物を届けて帰路に就いた1945年7月30日の深夜、日本の潜水艦の雷撃により沈没。遭難信号を発信しましたが、同艦が航行しているという情報はなく、何かの間違いだとして救助隊は出動しませんでした。

　このとき、約300人は艦とともに沈み、残り約900人の生存者がいたといわれていますが、海上で救助を待っていた4日間、毎日数回にわたるサメの襲撃を受け、多くの犠牲者が出ました。5日目に救助されたときの生存者はわずか316人でした。犠牲者の多くはサメの襲撃ではなく疲労や飢えから来る精神錯乱と脱水症状が原因ともいわれていますが、今でも海における惨劇として語り継がれています。

問題 9-3

　燃料補給のほとんど要らない原子力船は、1950～1960年代にかけてさかんに建造されました。中でも世界初の原子力潜水艦〈ノーティラス〉は原子力船ならではの記録を持っていますが、それは何でしょう。

1. 潜航したまま初めて北極点を通過した
2. 最初の燃料の交換までに10万マイルを航行した
3. 潜水艇として初めて水中速力が40ノットを超えた
4. 最大潜航深度の世界記録となる水深1,007mまで潜航した

解説

原子力船

　原子力船は、少ない燃料で大出力と長い航続距離が得られ、さらに核燃料の燃焼に酸素が不要という特徴があります。そういったことから軍用、商用を問わず強い関心が持たれ、1950～1960年代にかけて、米国、ドイツ、ソ連などで相次いで就航しました。

　中でも1954年に進水した世界初の原子力潜水艦〈ノーティラス〉は、今までの潜水艦とは一線を画した性能を持ち、安全潜入深度が700ft（213m）に達し、水中での速力が20ノットを超えたうえ、燃料交換をせずに62,562マイルもの航海が可能になりました。最初の航海で発した「本艦、原子力にて潜航中」は歴史的信号として有名ですが、史上初めて潜航状態で北極点を通過したことも特筆すべき事項としてあげられます。

　現存する原子力船のほとんどはアメリカ海軍の空母や潜水艦で、民生用として建造されたものは、ロシアの砕氷船を数隻残し、ほとんどが退役しています。日本初の原子力船〈むつ〉もすでに退役しました。

問題9-4

　1967年に英仏海峡で起きた巨大タンカー〈トリーキャニオン〉号の座礁事故では、船体から流出する原油を除去するため、作業に当たった英国政府がある行動に出ました。それは何でしょう。

1. 沿岸警備隊の巡視艇を衝突させて離礁させた
2. 英国空軍の爆撃機によって爆弾を投下し撃沈させた
3. 英国海軍の潜水艦によって魚雷を撃ち込み爆破させた
4. 王立救命艇協会に乗組員の救助と放火を要請し船体を焼滅させた

解説

オイルタンカーの海難事故

　1967年3月、リベリア船籍の大型タンカー〈トリーキャニオン〉号は、クウェートで原油を満載して英国に向けて航行中、英国南西部のシリー島とランズエンド岬の間にある浅瀬に座礁し、積荷の原油が流出しました。英国政府は離礁作業が難航したことから、残った原油を燃焼させるため、空軍及び海軍の爆撃機によってタンカーを爆破し沈没させました。

　その後もタンカーによる油流出事故が後を絶たなかったため、国際海事機関（IMO）では海洋汚染の防止を目的としたMARPOL条約によって、タンカー事故による油の流出を最小に抑えるための緊急措置及び構造基準を定めました。

　また、船長の過失が主因であるこの事故を契機に、船員の質を向上させなければならないという世論が世界的に高まり、船員の訓練や資格証明、あるいは当直の基準を定めたSTCW条約が発効しました。

問題 9-5

世界の海には実に数多くの船が浮かんでいますが、中でも日本は所有している商船の数が世界で2番目に多い国です。ところが所有している船のほとんどは日本の国籍（船籍）ではありません。では、世界で最も多くの商船を船籍登録している国はどこでしょう。

1. ギリシャ　　2. パナマ　　3. リベリア　　4. シンガポール

解説

便宜置籍船
（べんぎちせきせん）

　日本の場合、船籍（船舶の国籍）を日本にすると、事業利益に応じて課税されたり、船長と機関長は必ず日本人にする必要があるなど、商業上のデメリットが多々あります。そこで、こういった規制が緩い国に船籍を移転するようになりました。このような税金や人件費の削減を目的に外国籍で登録した船舶を「便宜置籍船」といいます。

　日本はギリシャに次いで世界で2番目の数の商船を所有していますが、日本の船主が所有する船舶の約90％は国外に船籍登録されています。この船籍登録が最も多い国はパナマで、以下、リベリア、マーシャル諸島と続きます。

　なお、公海上を航行できる船舶は、船籍国に管轄権があるため、たとえ日本近海で起きた日本船主の船での事件であっても、便宜置籍船では日本の警察が手を出せない、といった問題もはらんでいます。

　近年、ヨーロッパの海運先進国では、外航船が自国の船籍を選択しても不利にならないような第二船籍制度が導入され、自国籍への回帰が起こっています。

10 世界／すべての時代

問題10-1

大型船が、岸壁に着岸したり離岸したりするときに、その船を直接押したりロープで引っ張ったりして手助けをするこの船を何というでしょう。

1. ユーボート
2. タグボート
3. バスボート
4. ローボート

解説

港内操船

　蒸気機関が導入された初期の蒸気船は外洋航行には向かなかったため、外洋を航行する大型船は依然として帆船が主流でした。しかし大型帆船は、ロンドンなど川の上流にある都市近郊の港には自力で航行ができません。そこで、帆船を上流まで曳航して接岸させる船として、1817年にイギリスで小型蒸気船〈タグ〉号が建造されました。この名前が「タグボート」の由来です。

　タグ（＝tug：強く引く）ボートは曳船とも言われ、大型船を押したり引いたりして、出入港に伴う着岸や離岸を補助する船です。自船よりはるかに大きい船を動かす目的で使われるため、通常の同サイズの船よりも強力なエンジンを搭載し、小回りがきくよう、特殊なプロペラを使ったものも見られます。

　また、多機能な設備を備えたものが多く、離着岸の補助に加え、大型船の進路警戒、海上火災や流出油の処理など、港湾内を中心に海上安全に関わるさまざまな作業を行っています。

問題10-2

　陸上、雪上、水上を問わず、どこでも走れるエアクッション艇。ホバークラフトの名で知られるこの船は、日本では水上走行ができることから法律上は船舶に分類されます。では、工学的には何に分類されるでしょう。

1. 航空機
2. 船舶
3. 自動車
4. 戦車

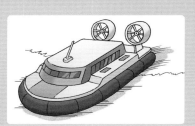

解説

ホバークラフト

　船底に空気を送り込んで船体を浮き上がらせるアイデアは以前から研究が行われていましたが、エアクッション艇の主流となる軟質のエアスカートが付いているタイプのホバークラフトは、イギリスの技術者クリストファー・コッカレルが発明し、1952年に1号艇が進水しました。

　航行（走行）時は、高速気流を水面または地面と艇体の間に送り込み、その押し上げる力で艇体を持ち上げています。つまり、空中に浮いていることになります。水の抵抗がないために、理論上は水中翼船よりも2～3倍のスピードが出るといわれています。空中に浮いているために、平坦であれば水の上だけでなく、陸でも雪の上でも走ることができます。

　主に水上を航行しますので、法律上は船舶に分類されていますが、工学的には航空機に分類されます。

　日本国内では各地の定期航路にホバークラフトが採用されましたが、最後に残っていた大分空港航路が平成21年（2009年）10月に廃止されて、定期航路船はなくなりました。

問題10-3

　日本では小型の帆船のことを「ヨット」と呼んでいますが、英語の「yacht＝ヨット」は、本来、どんな船を指すでしょう。

1. 横帆を使わず、縦帆だけを使う帆船
2. エンジンを使わず、セールだけで走る船
3. 業務に使わず、もっぱら個人の趣味やスポーツで乗る船
4. 市民が使わず、英国王室または貴族が使用人を使って走らせる船

解説

ヨット

　ヨットの語源は、14世紀ごろのオランダでヤハト"Jaght"と呼ばれていた高速帆船からきているとされています。1660年のイギリス王政復古に伴い、チャールズ2世が亡命先のオランダからイギリスに戻り王位についたお祝いに、オランダ国王からJaghtが贈られました。この乗り物を好んだチャールズ2世は呼称を"Yacht"と改め、以後、ヨットと呼ばれるようになりました。

　日本では一般的に、帆で走るセールボートのことをヨットと呼んでいますが、欧米では業務として乗る船ではなく、個人的な趣味やスポーツとして楽しむ船＝個人所有の小型舟艇、という意味で使われています。つまり、帆で走る船も、エンジンで走る船も、趣味やスポーツとして楽しむものであればすべてヨットと呼ばれています。

問題10-4

「星の航海士」と呼ばれるナイノア・トンプソンが、ポリネシア地方に伝わる伝統技術で建造された双胴カヌー〈ホクレア〉に乗り、2007年、ハワイから日本にやって来ました。この航海の目的の一つは、日本国内での航海を通じてハワイの日系移民への感謝を伝え、〈ホクレア〉の理念を感じてもらうことでした。では、もう一つの目的は何だったでしょう。

1. ハワイから日本までの帆走による最短記録を樹立すること
2. ハワイから沖縄までの間はスターナビゲーションでの航海を貫くこと
3. 天体による航海技術を伝承するために晴天時のみ航行すること
4. 出入港を含めすべての航程を伴走船なしの単独航行を行うこと

解説

星の航海士

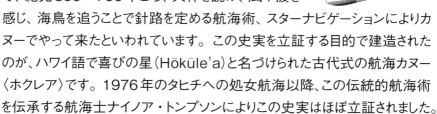

　最初にハワイに住み着いたのは古代ポリネシア人で、紀元500～700年ごろ、天体を読み、風や波を感じ、海鳥を追うことで針路を定める航海術、スターナビゲーションによりカヌーでやって来たといわれています。この史実を立証する目的で建造されたのが、ハワイ語で喜びの星（Hōkūle'a）と名づけられた古代式の航海カヌー〈ホクレア〉です。1976年のタヒチへの処女航海以降、この伝統的航海術を伝承する航海士ナイノア・トンプソンによりこの史実はほぼ立証されました。

　ハワイとの文化交流の歴史を称え、それぞれの国に感謝を返す目的の一環として、2007年に日本への航海が行われました。もちろん大洋航海中はスターナビゲーションを貫くことが第一義とされました。

　船歴40年を迎えた〈ホクレア〉は、現在、世界一周の航海を続けながら地球環境や海洋文化の大切さを若者に伝えています。

問題10-5

「今度の新人は超ド級のスラッガー」のように、同類のものよりはるかに強大であることを表す言葉、超ド級の「ド」は、英国海軍の戦艦の艦名に由来します。では、その艦名は何でしょう。

1. ドレッドノート
2. ドーントレス
3. ドミニオン
4. ドニゴール

解説

超弩級

　20世紀初頭の各国では、帆船時代を終えてもなお、18世紀に用いられた近距離戦術が海軍力を左右すると考えられていました。しかしイギリス海軍フィッシャー提督は、長距離砲の戦いに将来性を見込み、中・短距離砲を廃止して長距離砲のみを搭載した、同時代の他の戦艦より強大な戦力を持つ戦艦〈ドレッドノート〉を建造しました。

　その後、他国も追従することとなることから、この艦と同級のものをドレッドノート級戦艦（略してド級）、さらにド級を超える戦艦を超ド級と呼ぶようになりました。

　日本では、ド級の「ド」に対して、大弓の一種である「弩弓」の弩の字が当てられ、最初は本来の戦艦のクラスを示す用語として使われましたが、そのうちキャッチフレーズとして一般的に使われるようになりました。

行ってみよう、見てみよう！

日本の主な海事・海洋博物館 その❶（北海道、東北、北陸）

- **苫小牧ポートミュージアム**
  〒053-0003 北海道苫小牧市入船町1-2-34　TEL.0144-33-9261
  http://www.tomakai.com/ferry/
  苫小牧西港フェリーターミナルにあるミュージアム。大型パネルやタッチモニターを用いて、同港の歴史や就航フェリー、フェリーターミナルが果たすべき使命などを紹介している。

- **あおもり北のまほろば歴史館**
  〒038-0002 青森県青森市沖館2-2-1　TEL.017-763-5519
  http://kitanomahoroba.jp/
  青森市が旧「みちのく北方漁船博物館」の譲渡を受け、改修工事などを行って整備し、2015年7月にオープンした。「津軽海峡及び周辺地域のムダマハギ型漁船コレクション」などを展示。

- **青函連絡船メモリアルシップ八甲田丸**
  〒038-0012 青森県青森市柳川1-112-15　TEL.017-735-8150
  http://aomori-hakkoudamaru.com/
  引退した青函連絡船〈八甲田丸〉を青森港に係留保存して、ミュージアムとした施設。80年に及んだ連絡船の歴史を伝えるほか、操舵室、機関室、車両甲板など〈八甲田丸〉の船内各所を見学できる。

- **酒田海洋センター**
  〒998-0036 山形県酒田市船場町2-5-15　TEL.0234-26-5642
  http://www.city.sakata.lg.jp/ou/shoko/kankoshinko/kankokoryu/
  港町・酒田の「海の博物館」。海運、税関、航海、船舶、海洋開発、水産、歴史などの部門に分かれた展示を見ることができる。かつて港を賑わせた千石船の模型や関連資料も充実。

- **新潟市歴史博物館「みなとぴあ」**
  〒951-8013 新潟県新潟市中央区柳島町2-10　TEL.025-225-6111
  http://www.nchm.jp/
  新潟市中心部を流れる信濃川の河口にあり、港町・新潟の歴史を感じさせる展示を行っている。また、施設として利用している旧新潟税関庁舎など、開港当時を偲ばせる歴史的建築物も見もの。

- **海王丸パーク**
  〒934-0023 富山県射水市海王町8　TEL.0766-82-5181
  http://www.kaiwomaru.jp/
  公園内の核として、昭和5年進水の帆船〈海王丸〉を保存、公開している。併設されている「日本海交流センター」には、世界の帆船模型のほか、船や港に関する情報が展示されている。

- **石川県銭屋五兵衛記念館**
  〒920-0336 石川県金沢市金石本町ロ55　TEL.076-267-7744
  http://www.zenigo.jp/
  江戸時代末期に北前船を駆使した商いに成功し、「海の豪商」「海の百万石」と称された銭屋五兵衛の生涯を紹介する施設。北前船の1/4模型をはじめとする貴重な資料で当時を振り返る。

- **みくに龍翔館**
  〒913-0048 福井県坂井市三国町緑ヶ丘4-2-1　TEL.0776-82-5666
  http://www.ryusyokan.jp/
  近代日本の海運を支えた港の一つである三国の歴史を伝えるミュージアム。シンボルとして製作された弁財船の1/5模型は、本物の和船と同じ工法で作られたもので評価が高い。

2

船の文化

探検、冒険、慣習、語源、ことわざ、単位……。
船の文化は、奥深い。

[11] 船乗り、資格

問題11-1

　船乗りには職種に応じた呼称があります。船長はご存じ「Captain＝キャプテン」ですが、中には呼びやすいように俗称になっているものもあります。では、この中で実際には使われていない呼称はどれでしょう。

1. 主席一等航海士　→　チョッサー
2. 機関長　　　　　→　チェンジャー
3. 司厨長　　　　　→　ギャレー
4. 操機長　　　　　→　ナンバン

解説

職員と部員

　船乗り（船員）は、資格が必要な船舶職員（オフィサー）と、特に資格を必要としない船舶部員（クルー）とに分かれます。大型船では、職種は大きく分けて「甲板部」「機関部」「無線部」「事務部」があり、甲板部は運航や荷役業務を、機関部はエンジンの保守管理を担当します。また、無線部は陸上や他の船舶との通信を、事務部は船内の事務や食事などを担当します。

　それぞれに職種別の正式な名称はありますが、長年の慣習で親しみやすい呼称になっているものもあります。船によって微妙に違うこともありますが、大体次のような呼称が一般的なようです。

〈通称〉	〈職名〉
チョッサー	主席一等航海士（Chief Officer）
チェンジャー	機関長（Chief Engineer）
ナンバン	操機長（No.1 Oiler）
キョクチョー	通信長（Chief Radio Operator）
シチョージ	司厨長（Chief Steward）

　ちなみに、航空機の操縦士をパイロットといいますが、船の世界ではパイロットは水先案内人のことをいいます。

※各設問の正解表は268ページにあります。

問題11-2

　エンジン付きのボートやヨット、あるいは水上オートバイを操縦するのに必要な小型船舶操縦士免許。でも、免許がなくても操縦できることがあります。それはどんな場合でしょう。

1. エンジン付きの長さ8mのヨットに乗りエンジンを掛けないで1人で操縦する
2. 免許を持っている船長さんに教えてもらいながら10トンのクルーザーを操縦する
3. 長さ4mのゴムボートに2kWの電動モーターを付けて1人で操縦する
4. 免許を持っている友人に後ろに乗ってもらいながら水上オートバイを操縦する

解説

ボート免許

　エンジンの付いたボートやヨット、あるいは水上オートバイを操縦するには、小型船舶操縦士の免許（いわゆるボート免許）が必要です。でも、船には船長免許という概念があって、免許を持って指揮監督する者が同乗すれば、基本的に誰でも操縦できます。

　例外は、法律で決められた混雑する水域を航行するときや、水上オートバイを操縦するときで、このときは免許を持っている者が自分で操縦しなければなりません。

　一方、ディンギーなどのエンジンの付いていない船や、ミニボートと呼ばれる長さ3m未満でエンジンの出力が1.5kW未満のボートは、免許がなくても操縦することができます。

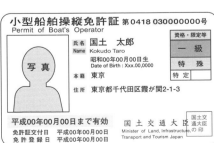

問題11-3

船乗りの世界に「シーマンシップ」という言葉がありますが、本来の意味は何でしょう。

1. 船舶運用術
2. 船旅
3. 船乗りと船
4. 船乗りの心意気

解説

シーマンシップ

　シーマンシップ（Seamanship）という言葉は、本来は航海をするために必要な船舶運用術のことをいいます。船舶の運航に関する技術、知識、そしてそれを遂行できる船員の能力、といったものの総称といえるでしょう。この言葉に船乗りの心意気など精神論的な意味合いを持たせるのは間違いです。

　しかし船の運用では、それを行う者の技術だけでなく心構えも大切なことなので、シーマンシップという言葉が誤って精神的な意味でも使われ始めたのかもしれません。スポーツマンシップという言葉の影響もあるでしょう。

問題11-4

　弁才船といわれる江戸時代の商船の職責は、船の最高責任者である船頭を筆頭に七つの階級に分かれていたといわれています。では、その職責の説明として間違っているものはどれでしょう。

1. 知工：金銭の出納保管をつかさどる事務長
2. 表：船の運航にあたる航海士
3. 親司：若衆を直接指揮する現場の係長
4. 炊：船の長老で食事の支度を総括する司厨長

解説

弁才船の職務

　現在の商船の職責は、船長を筆頭に航海士、機関士、部員、司厨員などに分かれていますが、弁才船の職責は、以下のような7階級となっていました。

① 船頭：船の最高責任者
② 親司：若衆を直接指揮する現場の係長
③ 知工：金銭の出納保管をつかさどる事務長
④ 表：船の運航にあたる航海士
⑤ 水主：一般乗組員
⑥ 若衆：水主の若手
⑦ 炊：見習い水主で炊事や掃除をし、湊入りでも船の留守番役

　昔から船社会は封建的なところがあり、弁才船のころは炊に炊事から水主の手伝いまであらゆる雑用をさせながら一人前の船乗りに育てるという習慣がありました。その伝統は明治以降も継承され、初めて甲板部や機関部に部員として乗船する若手は、ボーイ長と呼ばれて見習い期間を過ごすという制度があり、雑務をこなしながら船乗りとしての仕事を覚えていきました。

問題11-5

船の乗組員の中でオフィサー（有資格者）は、上着に付けられた肩章の金筋の間の色で職制を知ることができます。では、肩章の金筋の間の色と職制の組み合わせが間違っているものはどれでしょう。

1. 船長・航海士 ……… 黒（無地）
2. 機関長・機関士 …… 紫
3. 通信長・通信士 …… 緑
4. 船医 ………………… 青

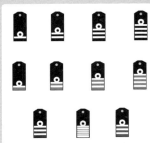

解説

オフィサーの肩章

　船の乗組員は、職員（オフィサー）と部員（クルー）に分けられますが、肩章や袖章があるのは職員だけで、金筋の数が階級を表わしています。また、金筋の間の色が職制、つまり甲板部、機関部などの所属を表わしています。金筋の間の色によって、次のように所属が分かります。

船長・航海士：黒色（無地）
機関長・機関士：紫色
通信長・通信士：緑色
パーサー・事務部職員：白色
医者（船医）：赤色

　紫は油の色、緑は陸の色、白は紙の色、赤は血の色を表わしているといわれています。船長・航海士には識別色はなく、生地の黒色そのままです。このように肩章を見れば、その人の船での役割、階級がひと目で分かりますが、実際に肩章を付けた制服を着ているのは旅客船や艦船などに限られます。

12 伝記、事の始まり

問題12-1

17世紀から18世紀にかけ、欧州各国の海賊たちが自船に揚げたジョリー・ロジャーと呼ばれる海賊旗。黒地に白い頭蓋骨と交差した2本の大腿骨を描いたデザインは、どこの国の海賊が始めたものでしょう。

1. イギリス
2. スペイン
3. ノルウェー
4. フランス

解説

ジョリー・ロジャー

世界各地でさまざまな海賊旗が使われましたが、西洋では古くから黒旗や赤旗が使われていたようです。旗旒信号的な意味で黒旗は「降伏しろ。するなら命は助けてやる」を表していたようで、狙いをつけた船に接近する際に掲げました。狙われた船が白旗を揚げれば「降伏」を意味しましたが、これは現代でも通用しますね。赤旗はもっと短絡的に「待っているのは死のみ」といった意味合いだったようです。

黒地に頭蓋骨と骨を白く染め抜いたデザインは、ジョリー・ロジャーと呼ばれ、フランス人海賊であるエマニュエル・ウィンがイギリス海軍との交戦時に使い始めたとされています。彼のものには頭蓋骨と骨のほかに砂時計が描かれていましたが、細部を変え、誰の船であるかが分かるようにした個性的なものもありました。

問題12-2

〈タイタニック〉号の遭難を機に世界に広まった遭難信号の「SOS」。このSOSは何を意味しているでしょう。

1. Save Our Ship（我々の船を救え）
2. Save Our Souls（我々の生命を救え）
3. Suspend Other Servises（他の仕事は中止せよ）
4. 単なるモールス符号の組み合わせ。特別な意味はない

解説

SOS

遭難時、〈タイタニック〉号は、次の2種類のモールス符号による信号を発信しています。

CQD（－・－・－－・－－・・）
SOS（・・・－－－・・・）

CQDのCQは「全無線局宛」、Dは「遭難」を意味し、「全無線局に対し遭難を知らせる」という一般の通信に近い符号の構成であるため、区別がしにくいという欠点がありました。SOSはこれを解消するために採用された特別の符号で、符号そのものに特に意味はありません。

〈タイタニック〉号には、遭難信号としてCQDを提唱していたマルコーニ社の無線設備が設置されていたため、最初はCQDを発信しましたが、より多くの船舶に救助を求めるため、SOSも発信したものと思われます。

このモールス信号SOSは、遠距離まで届かない、信号発信には専門技術が必要、突然の転覆では対応できないといった弱点があり、1999年に導入された人工衛星を使った全世界的な海上遭難・安全システム「GMDSS」にその任を譲り、使命を終えました。

問題12-3

　アイビーファッションの定番、トップサイダーのデッキシューズ。このシューズに採用されている、通称「スペリーソール」が開発されるヒントとなったエピソードとは何でしょう。

1. 愛猫が音も立てずに忍び寄ってきたのを見て閃いた
2. 愛犬が氷の上を滑らずに走っているのを見て閃いた
3. 愛猿が足の裏で枝をつかんで移動するのを見て閃いた
4. 愛馬が硬い大地を疾走しても蹄が割れないのを見て閃いた

解説

元祖デッキシューズ

　スペリートップサイダーは、1935年、アメリカのマサチューセッツで誕生したデッキシューズのブランドです。同社の創業者であるポール・スペリーが、氷の上を滑らずに走り回る愛犬（コッカースパニエル）の足の裏にヒントを得て考案したのが、スペリーソール。足の裏にある細かいシワを参考に、細かい波状の切り込みを入れた靴底を採用したシューズは、濡れた船のデッキ上でも滑りにくく、ヨット乗りやボート乗りに多大な支持を得ました。

　現在でも同社のデッキシューズにこの靴底が継承されていることはもちろん、他社のデッキシューズでも同じ原理のものが数多く存在しています。

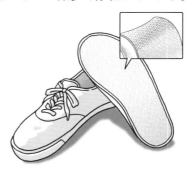

問題12-4

　造船所で船を初めて浮かべる進水式では、船名の披露とともにお酒のビンを船にぶつけて進水させます。日本では日本酒を使うこともあるこの儀式、はじめは何のビンを使っていたでしょう。

1. 神に捧げる生贄（いけにえ）の血の代わりとなる赤ワイン
2. 進水式が始まった当時の英雄ナポレオンにちなんだブランデー
3. 進水後も色香を漂わせる船であり続けてほしいとの願いを込めた香水
4. ぶつかったときに炭酸の作用で派手に見えるシャンパン

解説

進水式

　進水式は、船体が船台上または建造ドックでほぼ完成したときに行われます。船台を使っての進水は20万重量トンぐらいまでで、それ以上大きな船は、ドックから船を海へ引き出すことによって進水させます。式典では命名式が行われたあとに、酒瓶を船体にぶつけて割りますが、酒瓶が割れないと、その船は前途多難といわれています。

　18世紀前半には、神に生贄の血を捧げるという意味で赤ワインがよく使われましたが、その後、白ワインやシャンパンが主流になり、日本では日本酒がよく使われています。最後には船体を支えている支綱を船主が斧や小刀を使って切断し、船が進水台を滑り出して進水となります。昔から日本では、縁起物である銀の斧をよく使います。

問題12-5

その昔、イギリスの船乗りたちが港内に停泊している船の帆桁を引き降ろして出港を妨げた事件がきっかけとなって使われるようになった、現代でも頻繁に耳にする言葉はどれでしょう。

1. リストラ
2. ストライキ
3. ボイコット
4. サボタージュ

解説

船員たちの不満

18世紀ごろのとあるイギリスの港でのこと。船会社に対する不平不満をもつ船員たちが、一団となって港内に停泊している船の帆桁を次々に引き降ろし（strike their yards）、その出港を妨げるという事件が起きました。労働者が労働条件の改善などを求めて、集団的に就業を停止することを「ストライキ」といいますが、この言葉は先の事件がきっかけとなり生まれました。

なお、解雇の意味で使われることが多いリストラは、restructuringの略で、本来は事業の再構築を意味し、ボイコットは、人名で当時アイルランドの土地管理者であったボイコット大尉に対する小作人の抗議行動に端を発します。サボタージュ（sabotage＝フランス語）はフランスの木靴職人が工場に木靴（sabo）を投げ込んで生産妨害したことに由来する、意図的に作業効率を落としたりする行為で、日本語では略して「サボる」としてよく使われます。

13 ことわざ

問題13-1

シギとハマグリが争っているところを見ていた者が、労せず両方を捕まえたという中国の故事に由来する、二者の争いに乗じて第三者が利益を得ることのたとえを何というでしょう。

1. 釣師の利
2. 網元の利
3. 船頭の利
4. 漁父の利

解説

二者の争いに乗じて……

漁父の利は、中国の史書「戦国策」の故事に由来します。中国の戦国時代、趙の国が燕の国を攻撃しようとしているとき、縦横家の蘇代が燕のために趙の恵文王に会って次のような話をしました。
「こちらに来る途中の川で、蚌(ハマグリ)が殻を開けて日向ぼっこをしていました。そこへ鷸(シギ)が飛んできてハマグリの肉を食べようとしたが、ハマグリは殻を閉じてシギのクチバシを挟みました。両者が譲らない争いをしていたところ、通りかかった漁師が両者を難なく捕まえてしまいました。今、趙と燕が争えば、それに乗じた秦の国が漁父(漁師)のように最後の利を得るでしょう」
これを聞いた趙の恵文王は「もっともだ」と言って、燕を攻めることを中止しました。
この「漁父の利」は漁師の側から見たたとえですが、シギとハマグリの無益な争いのように、二者が利を争っている間に第三者にやすやすと横どりされて、共倒れになることを戒める語を「鷸蚌の争い」といいます。

問題13-2

ギリシア神話に登場する海の精で、上半身が人間の女性で下半身が鳥の姿をし、航路上の岩礁にいて、美しい歌声で航行中の人を惑わせて遭難や難破させる、彼女の名前は何でしょう。

1. セイレーン
2. シレーノス
3. ケイローン
4. フォーン

解説

半鳥半女の海の精

ギリシア神話に登場する半鳥半女の海の精セイレーンは、シチリア島近くのアンテモッサ島に住み、その歌声で船乗りを誘惑して海に引きずり込んだり、船を岩礁に引きつけて難破させたりしていました。

ジョン・ウィリアム・ウォーターハウス作「オデュッセウスとセイレーンたち」(1891年)

ギリシアの英雄オデュッセウスは、航路をはずさないようにするため、船員たちの耳をロウでふさいでセイレーンの歌声を聞かせないようにし、自分は歌声を聞いても誘惑されて海に飛び込まないように、体をマストに縛り付けさせて通り過ぎたといわれています。

警告音を発するサイレンは、英語表記ではセイレーンとまったく同じ綴りの「siren」で、セイレーンの歌声が聞こえたら逃げなければ危険ということから、危険を知らせる音を「サイレン」と言うようになったといわれています。また、セイレーンは後に美化されて音楽の守護者とされました。そのため、英語のsirenには、美声の女性歌手という意味もあります。

問題13-3

日本には、船にまつわることわざがたくさんあります。では、次のうち、実際にはないものはどれでしょう。

1. 渡りに船
2. 同舟相救う
3. 降りかかった船
4. 船盗人(ふなぬすびと)を徒歩(かち)で追う

解説

船のことわざ

海に囲まれ、水辺で暮らしてきた日本人と船は切っても切れない関係にあり、これにまつわることわざがたくさんあります。

「渡りに船」は、川を渡る方法を思案していたところ目の前に船が漕ぎ寄せた意から、ちょうど困っていたところに、おあつらえ向きの条件が整うことをいいます。

「同舟相救う」は、同じ舟に乗り合わせていれば、危機が迫れば敵同士でも力を合わせることから、日ごろ仲の悪い者でも、危急の場合には互いに助け合うことをいいます。呉越同舟と同じですね。

「船盗人を徒歩で追う」は、船を盗んで漕ぎ逃げる泥棒を陸上から追いかける意から、無駄な骨折りをすることをいいます。

いったん着手した以上、中止するわけにいかないことを表すことわざ「乗りかかった船」は、乗った船が岸から離れた以上は途中で下船できないことからきた言葉です。

ほかにも「船は帆でもつ帆は船でもつ」「船頭多くして船山に上る」「船は水より火を恐る」「船は船頭に任せよ」などがよく知られています。

問題13-4

「ばつが悪くてまともに彼女の顔を見られない」などと使われる「まとも」は、和船（帆船）が受ける風の状態からきた言葉ですが、それはどれでしょう。

1. 真正面からの風（向かい風）を受けている
2. 真後ろからの風（追い風）を受けている
3. 真横からの風（横風）を受けている
4. 風がなくて、波間に漂っている

解説

風をまともに受けて

　船用語では船尾のことを艫（とも）といい、真艫（まとも）は船の真後ろの方向を指します。

　帆船が真後ろから風を受けて走ることを「まとも走り」、横から風を受けて走ることを「開き走り」、向かい風を受けて風上に走ることを「まぎり走り」といいます。

　真艫には、船尾方向からまっすぐに吹く風の意もあり、帆船にとっての追い風、順風の意味から、正道なこと、きちんとしていることを表すようになり、字も「真面」が当てられ、本来の意味とは正反対の正面、真向かいを表すようになりました。

問題13-5

体の一部を使った慣用句はいろいろありますが、次のうち、海や船にまつわる言葉が含まれているものはどれでしょう。

1. その話は「耳にたこができる」くらい聞いたよ ……… たこ（蛸）？
2. 小さなことにいちいち「目くじらを立てる」なよ ……… くじら（鯨）？
3. やつら「尻にほを掛けて」逃げて行ったよ…………… ほ（帆）？
4. 全クラスの「足なみがそろう」ことはないと思うよ…… なみ（波）？

解説

海や船の言葉を使った慣用句

「耳にたこができる」は、同じ話を何度も聞かされてうんざりするさまを表す言葉です。ペンで文字を書き続けると、指に胼胝（たこ）ができます。これに由来して、耳にたこができるほど同じ話を何度も聞いているというたとえです。

「目くじらを立てる」は、目を吊り上げて他人の欠点を探し出したり、些細なことにむきになったりすることをいいます。目くじらは、目尻のことで「目くじり」ともいいます。この目くじりが変化したもので、鯨とは何の関係もありません。

「尻にほを掛けて」は、急いで逃げたため、ふんどしが風をはらんでふくらみ、まるで船が帆を掛けた（張った）ような形になるところからきたたとえです。

「足なみがそろう」は、一つの目的のために集まった人たちの行動や考えが、行進の足どりの揃い具合（＝足並）のように一致することをいいます。

14 単位

問題14-1

　漁師さんは、自分の体を使って測れる便利な単位として「尋(ひろ)」をよく使います。では、1尋とはどのくらいの長さのことをいうでしょう。

1. 手のひらの中指の先までの長さ（約20cm）
2. 肘から中指の先までの長さ（約45cm）
3. 足裏からへそまでの長さ（約100cm）
4. 両手を一杯に広げた長さ（約180cm）

解説

身体尺

　尋は、大人が両手を一杯に広げた長さで、ひとひろげ、ふたひろげ、などと測ったことに由来する身体尺です。

　日本の身体尺には、ほかにも頭のてっぺんからかかとまでの長さを表す「つえ」や、親指と人差し指を広げたときの両指先の間の長さを表す「あた」などがありました。

　1尋は6尺で、約1.8mに相当しますが、江戸時代の1尋は5尺であったり6尺であったりとまちまちでした。ただ、もっぱら海で用いられていた関係で、明治5年の太政官布告で6尺（1.818m）と定め、陸上の間(けん)と統一しました。

　尺貫法の廃止とともに廃れていきましたが、糸などの長さを測るときに重宝するため、現在では、漁師さんだけでなく釣りの世界でも「ウキ下○尋」などと広く使われています。

問題14-2

　自動車の速度の単位は、国によってキロメートル毎時（km/h）やマイル毎時（mph）が使われますが、船の速度は、ほぼ例外なくノット（knot）が使われます。では、この単位の名称の由来は何でしょう。

1. 船速を測るのに使用した木片をノットといったため
2. 船速を測るのに使用した砂時計をノットといったため
3. 船速を測るのに使用した天体の移動速度の単位がノットであったため
4. 船速を測るのに使用したロープの目印にノット（結び目）を使ったため

解説

ノット

　ノットとはロープの結び目のことです。16世紀の中ごろ、船の速力は、ロープに一定間隔で結び目を付けたハンドログという道具を海に流して測っていました。これは砂時計が落ちるまでの決められた時間に、どのぐらいロープが繰り出されるかを見るもので、この繰り出されたロープの長さを簡単に分かるようにした結び目（＝ノット）が、船の速力を表す単位の由来となったのです。

　現在、1ノットは1時間に1ノーティカルマイル（海里）＝1,852m進む速さとなっています。1,852というのは半端な数ですが、これは地球の大きさをもとに決められているからです。1マイルは緯度1分（1/60度）に相当します。従って、海図上の距離は、緯度尺を用いて求めることができます。

　北極から赤道までの距離が10,000km（単位メートルはこの一千万分の一が起源）ですので、1マイルは、10,000km÷90°×1/60≒1.852となります。

問題14-3

船の大きさを表す単位のトン数。この「トン」は、船の貨物である、あるものを叩いたときに出る音に由来します。それは何でしょう。

1. 油樽
2. 酒樽
3. 金貨入れ
4. 火薬箱

解説

トン

　総トン数や載貨重量トン数などと船の大きさを表すときに使われる単位の「トン」は、酒樽を叩いたときの音に由来します。15世紀ごろ、フランスのボルドー産ワインをイギリスへ運ぶ船の大きさを表すのに使われたのが始まりだといわれています。

　イギリスでは、船に積むことができるワインの樽の数で船に課す税金を決めていました。そこで積まれた酒樽を数えるため、棒で叩いていくと「タン、タン」と音がします。「何樽」あったと数えるところを「何タン」あったと言うようになり、これがなまって「何トン」と呼ぶようになったといわれています。1,000樽積める船イコール1,000トンということで、積める樽の数が船の大きさと同じ意味を持つようになりました。

　船倉の容積を表す単位に「載貨容積トン数」というものもありますが、これは、未だに当時の酒樽の大きさ（40立方フィート）を1トンに換算して表しています。

問題14-4

　船の世界では一般になじみのない単位がたくさん使われています。では、ある専用船で使われる「TEU」という単位は何を表すものでしょう。

1. 自動車専用船の積載台数の単位
2. コンテナ船の積載本数の単位
3. 原油タンカーの積載油量の単位
4. LNG船の積載容積の単位

解説

専用船の積載単位

　船舶の大きさは、荷物をどの程度積めるかという尺度で表したほうが実用的です。専用船化が進むにつれ、各船種ごとにさまざまな単位が使われるようになりました。

　自動車運搬船の積載台数の基準となっている車はトヨタの1966年式コロナRT43

コロナRT43（写真：トヨタ博物館）

です。この車を容積換算して、積載台数を8,000（RT43）などと表します。

　コンテナ船の積載本数の単位は20フィートコンテナを1として他を換算する国際単位、TEU（twenty-foot equivalent units）です。港湾の取扱量も100,000TEUなどと表します。

　タンカーの積載油量の単位はバレル（bbl）です。1バレルは約160リットルですが、内航タンカーではなじみの深いキロリットルが使われています。

　LNG船の積載容積の単位は立方メートル（m^3）です。ただしこれは液化した状態の体積で、すべて気化した場合にはおよそ600倍になります。

問題14-5

船をはじめとするエンジンの出力の単位は、国際単位「キロワット(kW)」が使われています。さて、世界最大級の舶用エンジンの出力60,000kWを昔ながらの馬力(ps)に換算すると、どのくらいになるでしょう。

1. 約29,000馬力
2. 約40,000馬力
3. 約61,000馬力
4. 約82,000馬力

解説

出力表示

国際標準化機構(ISO)では、1971年(昭和46年)より単位の表記に国際単位系SI (Le Système International d'Unités)を使用しています。一方、日本では既存の単位系が残り、日本工業規格(JIS)の中ではSI単位での換算値をかっこ書きで併記するなどで対応していました。

しかし、科学・技術・通商・安全などの計測に関わる諸問題に対し、国際的交流を円滑に進めるために、平成11年に計量法の改正が行われ、メートル法を基準とするSI単位への全面的な切り換えが完了しました。

これに伴い、船や車などのエンジン出力に使われていた馬力(ps)がキロワット(kW)に変わりました。ただ、この表記になってから10年以上経ちますが、馬力という語感に対するなじみや、馬力表記の方が数値が大きいことなどから、今でもかっこ書きで○○kW (△△ps)と併記されることがあります。

出力の単位換算
1馬力(ps) = 0.7355(kW)　　　1(kW) = 1.36馬力(ps)

15 号令

問題15-1

映画などで、船の向きを変えるときに、「おも～か～じいっぱ～い」と号令を掛けているのを見ることがあります。これは、右に大きく舵を取れ、という意味ですが、では、左に舵を取ることを何というでしょう。

1. 裏舵　　2. 取舵　　3. 空舵　　4. 渋舵

解説

操舵号令

その昔、和船で使われていた和磁石（船磁石）では方位の目盛りが「逆針」になっていました。これは目盛りが左回りに子、丑、寅……の順に刻まれていて、子が船首の向きになるように固定されていました。

船の舳先（＝船首）を子とすると、右舷正横が酉、左舷正横が卯の目盛りとなります。当時の船は舵柄を直接動かして舵を取っていましたから、舳先を左に向けるために舵柄を右舷側に動かすことを「酉の舵」と称し、舳先を右に向けるために舵柄を左舷側に動かすことを「卯面舵」と称しました。酉の舵は転訛して酉舵すなわち「取舵」になり、卯面舵は「面舵」になりました。

商船ではこの号令はほとんど使われていませんが、海上自衛隊の艦船では、現在でも操舵号令をこれら日本語で行っています。IMO（国際海事機構）勧告の標準操舵号令との対比は次のとおりです。

```
舵を左舷に取れ ＝ 取舵（と～りか～じ、と発音）＝ ポート
舵を右舷に取れ ＝ 面舵（おも～か～じ、と発音）＝ スターボード
舵中央または戻せ ＝ 舵中央 ＝ ミジップ
現在船首が向いている方向に進め ＝ 宜候 ＝ ステディ
```

問題15-2

　日本の船舶では、錨を投下するときの号令として「レッコ」と言います。では、この言葉の語源は何でしょう。

1. 放せという意味の英語「let go」より
2. アンカーロープの出具合を何度も報告させる「連呼」より
3. 航行中には何の役にも立たないものという意味での「劣子」より
4. 投下の軌跡が似ている、円周を2点で分けた短い方の「劣弧」より

解説

レッコ

　レッコは英語の「let go」のことです。さあ、行こうといった意味のレッツゴー（let's go）ではありません。

　本来の意味は、はめをはずす、〜から手を放す、〜を捨て去るなどですが、船の世界では、放す（放つ）という類のことには何でもこの言葉を使います。問題の錨を投下する（＝Let go the anchor）以外にも、下記のような使い方があります。

　　もやいレッコ　　　→　ロープを解いて放せ（Let go the shore line）
　　課業をレッコ　　　→　ずる休み
　　貴様レッコするぞ　→　海にたたき落とすぞ（お〜コワ）

問題15-3

練習帆船の体験乗船に参加したところ、出航の翌朝、「カンカン、カーン」という時を告げる鐘の音で目が覚めました。このときの時刻は、次のうちどれでしょう。

1. 午前4時30分
2. 午前5時
3. 午前5時30分
4. 午前6時

解説

タイムベル

練習帆船の船橋には、時を知らせる"タイムベル"という真鍮でできた鐘があります。時計がなかった昔、太陽の高度により正確な時間が分かる12時を基準に、30分ごとに砂時計をひっくり返してタイムベルを鳴らし、船内に時間を知らせていました。タイムベル1回を1点鐘といい、船上の当直は4時間交代なので、8点鐘が当直交代の合図となります。

なお、18時30分から突然、点鐘の数が変わる理由は定かではありませんが、夕方になると船を襲う海坊主に夕方であることを教えないようにするため、昔ある船で19時に反乱を起こす計画があったのを点鐘をずらして未然に防いだことにあやかったため、などと言われています。

時　刻							タイムベル
0:30	4:30	8:30	12:30	16:30	18:30	20:30	・
1:00	5:00	9:00	13:00	17:00	19:00	21:00	・・
1:30	5:30	9:30	13:30	17:30	19:30	21:30	・・ ・
2:00	6:00	10:00	14:00	18:00		22:00	・・ ・・
2:30	6:30	10:30	14:30			22:30	・・ ・・ ・
3:00	7:00	11:00	15:00			23:00	・・ ・・ ・・
3:30	7:30	11:30	15:30			23:30	・・ ・・ ・・ ・
4:00	8:00	12:00	16:00		20:00	0:00	・・ ・・ ・・ ・・

問題15-4

　無線通信などにおいて重要な、文字を正確に伝達するために使用するフォネティックコードの文字とコード単語の組み合せで、間違っているのはどれでしょう。

1. A＝Alfa（アルファ）
2. G＝Golf（ゴルフ）
3. P＝Papa（パパ）
4. X＝X-mas（クリスマス）

解説

フォネティックコード

　最初に無線通信を実用化したのはイタリアのマルコーニで、1901年にはモールス信号による電文をイギリスから大西洋を越えた北アメリカまで送りました。その後1905年には、アメリカのフェデッセンによって初めて音声による無線通信が行われました。

　この音声による無線通信は第二次世界大戦でも使用されましたが、当初は小電力の遠距離通信であったため、音声はあまり明瞭ではありませんでした。そこで聞き間違いを防ぐため、アルファベット1文字を単語に置き換えて1文字ずつ伝えるフォネティック（phonetic＝音声の）コードが考え出されました。この単語に置き換えることにより、不明瞭な音でも推測できるようになりました。

　現在の明瞭になった音声通信でも、船名や飛行機の便名などで、発音が似ていて呼び掛けの間違いが事故につながる状況では利用されますし、STCW条約によって船員に修得が義務づけられているSMCP（Standard Marine Communication Phrases）でも使用されています。

（例）　A：Alfa　B：Bravo　C：Charlie　G：Golf　N：November　P：Papa　X：X-ray

問題15-5

映画「タイタニック」を見ていたら、前方に氷山を発見した当直航海士が「hard a starboard（右舷へいっぱい）」と号令したのに、船首が左に向き、避けきれずに右舷側を氷山にこすりながらぶつかりました。なぜ号令と船の動きが反対だったのでしょう。

1. 操舵装置が故障していた
2. 当時の操舵号令は現在と逆だった
3. 航海士が「port（左舷）」と言おうとして言い間違えた
4. 操舵手が「hard a port（左舷へいっぱい）」と聞き間違えた

解説

スターボードは左？

〈タイタニック〉号が事故を起こした当時（1912年）、操舵号令として、①船首をどちらに向けるかを指示する直接式と、②船首を回頭させるための舵柄をどちらに向けるかを指示する間接式の号令が混在していました。①はフランスが、②はアメリカ、日本などが採用していました。〈タイタニック〉号を運航するイギリスも②の間接式だったため、「starboard」の号令で左転舵したわけです。

ただ、当直航海士の孫が最近明かした話では、航海士の号令に対し、直接式の号令に慣れていた若い操舵士は、最初思わず右転し、その後あわてて左転したため間に合わずに衝突したとのことです。ただ、何も証拠はなく真相は分かりません。

こういった混在は海難を誘発しかねないため、1928年にロンドンで開催された国際海運会議でこの問題についての結論を出し、1931年6月から主要な海運国は、直接式（スターボードは右舷回頭、ポートは左舷回頭）に統一されました。

16 船にまつわる呼称

問題16-1

英語で船の左舷側を表すポート。なぜ港を表す「ポート（port）」と同じ言葉が使われているのでしょう。

1. 昔の船は、スクリューがすべて左回りで、港の桟橋に左舷側を着けておくと、後進で離れるときに操縦しやすいため
2. 昔の船は、右舷側に舵取り装置が付いていて、港の桟橋には左舷側しか着けられなかったため
3. 昔の港は、ほとんどが川の右岸（上流に向かって左側）にあったので、左舷側にしか着けられなかったため
4. 昔の港の周りの歓楽地は、港の右側にあったため、船乗りをできるだけ近づけないように左舷側から出入りさせたため

解説

ポート

昔の船は、舵板を船体中心に据え付ける造船技術がなく、右舷の舷側に舵取り板を取り付けていました。そのため港の桟橋に右舷側を着岸させると舵を壊すおそれがあるので、舵のない左舷側を着岸させ、荷役をしていました。

このことから、右舷側を「操舵する舷＝スティアボード（steer-board）」が変化したスターボード（star-board）と呼び、左舷側を「荷役をする舷」が語源のラーボート（lar-board）と呼んでいました。ところが、スターボードとラーボードは発音上まぎらわしく、混同することを避けるため、19世紀半ば以降は左舷側を「港側の舷＝ポート（port）」と呼ぶようになりました。ただし、larboardの語は、現在でも船や航空機の左側を表す英語として通用します。

現在、ほとんどの船は左右関係なく接岸できますが、左舷＝港側という慣習は現代の航空機に引き継がれていて、旅客機の乗降口はすべて機体の左側に付けられています。

問題16-2

　日本船は、外国では親しみを込めてマルシップと呼ばれます。では、なぜ「マルシップ」と呼ばれるのでしょう。

1. 世界制覇をもくろむ豊臣秀吉が造った戦艦の名称が「日本丸」だったため
2. 日本船の船名は、「○○丸」と丸（マル）が付くことが多いため
3. 優れた造船技術で作られた日本船は、ふっくらと丸みを帯びて美しく見えるため
4. 西洋では船を女性名詞で呼ぶので、代表的な日本名の「まり」がなまったため

解説

マルシップ

　船名に丸を付ける慣習の始まりについては諸説ありますが、その習慣は古くからありました。明治33年に制定された船舶法取扱手続には、「船舶の名称には、なるべくその末尾に丸の字を付けなければならない」とあり、これが明治以降、日本船の船名に丸が付くようになった大きな理由と考えられています。

　このように、日本船の多くの船名に丸が付いているため、外国では敬愛の念を込めて「MARU-ship（マルシップ）」と呼ばれています。

　ところが最近、多少皮肉を込めて「マルシップ」と呼ばれるものが出てきました。それは、日本人の幹部船員を乗船させた日本籍船をいったん外国に貸し出し、その地で賃金の安い外国人船員を乗船させたうえで再び日本が借りあげる（チャーターバック）方式のことです。外国人船員で運航されているのにマルシップのままということで、こう呼ばれるようになりました。

問題16-3

商船の煙突を飾るファンネルマーク。この特有のデザインから、何がわかるでしょう。

1. 所属会社
2. 船籍国
3. 建造年
4. 母港

解説

ファンネルマーク

　ファンネルとは船の煙突のことで、もともとは煤の汚れが目だたないように黒く塗られていましたが、やがて着色され、船会社を識別するための手段として使われるようになりました。ファンネルマークは船会社の看板の役割をしています。

　飛行機の場合、尾翼のマークで「日本航空」や「全日空」などの航空会社が識別できますが、これと同様に、船の場合は、それぞれの会社の特徴をイメージした色や模様などのデザインを煙突に施して識別できるようにしています。

　なお、石炭を燃料とする船が少なくなった現在、エンジンから出る煙の量が少なくなり、実際に煙が出る排気管は細いパイプで十分になりました。そのため、一般的にファンネルマークが描かれているのは化粧煙突で、この中にエンジンや発電機、ボイラーや焼却炉などの複数の排気管が隠れています。

問題16-4

海事用語に「ギャング」を使った言葉がいくつかあります。では次の用語のうち海や船に関係のないものはどれでしょう。

1. ギャングウェイ（gangway）
2. ギャングプランク（gangplank）
3. ギャングボード（gangboard）
4. ギャングランド（gangland）

解説

ギャング

ギャングといえば悪党一味と思われがちですが、もともとはドイツ語やオランダ語の行進あるいは行列を意味する言葉で、ここから派生して同じ仕事に従事する作業員などの一団を表します。例えば港で働く船内荷役作業員のグループをギャングといったりします。ほかにもギャングには通路の意味があり、1〜3はこれに由来する用語です。

1は、船側に開いた出入り口である舷門や露天甲板のことです。2は、船から波止場に掛け渡した道板や歩み板のことです。3は、船首楼と船橋楼を連結する道板や細い通路のことです。4は、船の中で船員が集う憩いの場……ではなく、文字通りギャングの町、暗黒街を表します。船とは関係ないですね。

問題16-5

船から荷揚げした貨物や船に積み込む貨物を一時的に保管するための施設を上屋(うわや)といいますが、その語源は何でしょう。

1. 岸壁の上手に立てられた建物の意から
2. 壁がなく柱と屋根からできていたから
3. 英語の倉庫の呼び方がなまったもの
4. 日本で最も古い港湾運送会社の屋号

平成20年に解体された横浜港の東西上屋倉庫(写真：横浜近代建築アーカイブクラブ)

解説

上屋

　上屋は、船から荷揚げした貨物や船に積み込む貨物の荷さばきや中継作業のため、これらを一時的に保管するための建物です。通常、岸壁や物揚げ場などの係留施設の近くで、エプロンと呼ばれる荷役のための車両の走行スペースの後方に設置されます。

　構造的には倉庫に類似していますが、荷さばきや一時保管を本来の目的としていて、長期保管を本来の目的とする倉庫とは機能的にも異なり区別されます。法制上も倉庫業法ではなく港湾運送事業法で取り扱われ、関税法上では上屋は必ずしも建物を意味しません。

　上屋の呼称の語源は、倉庫や商品保管所を意味する英語のWarehouse(ウェアハウス)で、これが転訛(てんか)したものです。American(アメリカン)がメリケンとなったのと同じですね。

　横浜港の観光シンボルとなった赤レンガ倉庫(Yokohama Red Brick Warehouse)も、もとはといえば明治から大正期に建てられた上屋です。

17 国別の慣習

問題17-1

　船出のときに舷側を舞う5色の紙テープ。このテープ投げを考案したのは、1915年当時、サンフランシスコで商売をしていたある日本人です。では、このことを思いつくきっかけになった出来事とは何でしょう。

1. 開通したばかりのパナマ運河の測量に紙テープが使われた
2. イギリス海軍の進水式に招かれた者が必ず紙テープを持参した
3. 日本の商社が万国博覧会に出品した紙テープが大量に売れ残った
4. フランスでリボンより強い紙テープが発明されたという話が誤報であった

解説

船出のテープ

　1915年、パナマ運河開通を記念してサンフランシスコで開催された万国博覧会に、日本の商社が包装用の紙テープを出品しました。ところが、これが大量に売れ残り、これを見兼ねた当地で近江屋商店というデパートを経営していた日本人移民、森野庄吉（森田庄吉との説もあり）氏が、港にこれを持ち込んで別れの握手ならぬ別れのテープとして販売したところ、大いに当たったことが、船出のテープの始まりです。

　船出を賑わすこの光景も、最近では環境保全を理由に、見かける機会がずいぶん少なくなりました。

問題17-2

　7月唯一の祝日である海の日。もともとはある史実にちなんで、7月20日が海の記念日として制定されていました。では、その史実とは何でしょう。

1. 嘉永6年（1853年）、ペリー提督率いるアメリカ合衆国海軍東インド艦隊が、江戸湾浦賀に来航した
2. 安政7年（1860年）、勝海舟を艦長とする江戸幕府の軍艦〈咸臨丸（かんりん）〉が初めて太平洋を横断した
3. 明治9年（1876年）、東北巡幸を終えた明治天皇が、汽船〈明治丸〉で横浜港に帰着した
4. 明治38年（1905年）、日本海海戦において、東郷平八郎率いる連合艦隊がバルチック艦隊を撃破した

解説

海の記念日

　明治9年、東北の巡幸を無事に終了した明治天皇は、同年7月16日、青森市内の浜町桟橋から汽船〈明治丸〉に乗り込み、函館を経由して7月20日に横浜港に帰還しました。この史実を記念して、昭和16年、当時の逓信大臣（ていしん）であった村田省蔵の提唱により、海洋・海事思想の普及を願って7月20日が「海の記念日」に制定されました。

東京海洋大学に保存されている〈明治丸〉

　祝日法の改正により、平成8年から「海の日」として祝日になりましたが、平成15年からは7月第3月曜日となり、記念日としての意味合いはなくなりました。

　この〈明治丸〉は、伊藤博文の命名によるもので、英国で建造されました。灯台巡視船として活躍し、数度の御召艦（お めしかん）（天皇・皇后および皇太子の乗用艦）を務めました。現在、我が国に現存する唯一の鉄船（現代の船は鋼船）として国の重要文化財に指定され、保管先の東京海洋大学（旧東京商船大学）で船内を見学することができます。

問題17-3

海上自衛隊では、厳しい海上勤務の中で曜日の感覚を取り戻すため、毎週金曜日に、すべての部署であるものを食べる習慣があります。明治時代の海軍の艦上食が発祥といわれる、そのある食べものとは何でしょう。

1. トルコライス
2. オムライス
3. カレーライス
4. チキンライス

解説

海軍○○○

　明治時代、軍艦の乗組員は、長期航海中に脚気(かっけ)になることが多かったようです。その原因は食事にあると判断した海軍が、それまでの日本食一辺倒を改め、イギリス海軍にならい洋食を取り入れました。その中にカレー味のシチューがありました。カレーに小麦粉を加えてとろみをつけ、パンに付けて食べるのではなく、ご飯にかけて食べるようになりました。海軍では毎週土曜日がカレーの日になりましたが、その伝統は海上自衛隊にも受け継がれ、週休二日制導入により金曜日がカレーの日となりました。

　海上自衛隊の各艦には自慢のカレーがあり、そのレシピはウェブサイトで公開されていて、そのバラエティーの豊かさには驚かされます。なお、本家である海軍の「カレイライス」のレシピは、明治41年(1908年)刊行の「海軍割烹術参考書」に記載されていますが、このレシピをもとに現代に復元された神奈川県横須賀市の「海軍カレー」はつとに有名です。

三、カレイライス
材料牛肉(鶏肉)人参、玉葱、馬鈴薯、「カレイ粉」麥粉、米
初メ米ヲ洗ヒ置キ牛肉(鶏肉)玉葱人参、馬鈴薯ヲ四角ニ恰モ賽ノ目ノ如ク細ク切リ別ニ「フライパン」ニ「ヘット」ヲ布キ麥粉ヲ入レ狐色位ニ煎リ「カレイ粉」ヲ入レ「スープ」ニテ薄トロノ如ク溶シ之レニ前ニ 切リ置キシ肉野菜ヲ少シク煎リテ入レ(馬鈴薯ハ人参玉葱ノ殆ド煮エタルトキ入ル可シ)弱火ニ掛ケ煮込ミ置キ 先ノ米ヲ「スープ」ニテ炊キ之レヲ皿ニ盛リ前ノ煮込ミシモノニ鹽ニテ味ヲ付ケ飯ニ掛ケテ供卓ス此時漬物 類即チ「チャツネ」ヲ付ケテ出スモノトス

問題17-4

赤道を通過する船舶が趣向を凝らしたイベントでお祝いする「赤道祭」。ところが米国海軍の赤道祭では、伝統にのっとり新参の乗組員に洗礼を浴びせます。では、祭でさらし者になる新参者は何と呼ばれるでしょう。

1. 春のキャベツ
2. ミートパイ
3. ハツカネズミ
4. オタマジャクシ

解説

赤道祭

　帆船時代、船乗りは赤道無風帯に悩まされます。「風が吹かないのは海神様がお怒りになっているからだ。生贄（いけにえ）を捧げなければ……」ということで赤道無風帯を無事に通過するための儀式として始まった伝統的な赤道祭は――海神ネプチューンが船上に現れて裁判を始める。海神の赤道通過許可証を持たないものは有罪となり、海水の入った水槽に何度も頭を沈められ、罪を許される。有罪者がいなくなると、海神は船長に鍵を渡して航行を許可し、船から去る――という筋書きで行われました。

　米国海軍の赤道祭も大体この形式ですが、違うのは水槽の中身。赤道を越えたことのない新参の乗組員は必ず有罪になり、ヒゲ剃りクリームやら生卵やら怪しげな液体やら、とにかくネバネバしたものを混ぜた液体の入った水槽に漬け込まれます。服をあべこべに着せられてのたのた這い回る姿から、彼らは「ポリウォグ（オタマジャクシの古語）」と呼ばれます。なお、許可証を持っている先輩乗組員はシェルバックと呼ばれ、不幸なポリウォグはシェルバックからさらなるサービスを受けることも……。入隊年と配属先で命運が決まります。

問題17-5

国際航海を行う船舶が、特定国家の主権に属さない海洋である公海を航行中は、どこの国の法律が適用されるでしょう。

1. 万国共通の国際法が適用される
2. 船籍のある国の法律が適用される
3. 船長の国籍のある国の法律が適用される
4. 船舶の現在位置に最も近い国の法律が適用される

解説

旗国主義

　船舶は、船籍のある国の国旗を掲げることができます。船上（公海上）では、原則として掲げられた旗が示す国の法律が適用され、これを「旗国主義」と呼んでいます。

　例えば、日本の港に韓国籍の船が入港したとします。すると、その船上は韓国の領域となり、法律は韓国のものが適用されます。また、入港している船が日本の船主が所有するものであっても、パナマ船籍であったりすると、船上で適用される法律はパナマのものとなってしまいます。ただし、国連海洋法条約では、他国の領海内においては、その領海を有する国の法律を尊重してこれに従うよう求めています。

　この旗国主義には例外があり、海賊行為に対しては、いずれの国家も、海賊船を拿捕し、海賊とその財産を逮捕、押収して、自国の裁判所で処罰できることになっています。これを普遍主義といい、古くから人類共通の敵であった海賊に対する慣習国際法として根付いていましたが、今日では前述の条約において明文化されています。

18 漁業

問題18-1

トロール漁船の船尾に付けられた、オッターボードと呼ばれるこの板。いったい、何に使われるのでしょう。

1. 投網の邪魔になる水面に張った氷を砕く
2. 船尾のスロープから波が打ち込むのを防ぐ
3. 投入した漁網の開口部を大きく広げる
4. 帆船の船首像のようなもので単なる飾り

写真：水産大学校

解説

オッターボード

トロール漁法は、船尾から投入した漁網をロープで曳航（えいこう）して魚を捕ります。「オッターボード」は、金属製や木製の板で、日本語で「開口板」と呼ばれます。飛行機の翼の断面のように中央付近が隆起した形状をしており、揚力を利用して網の開口部を船幅以上に展開する役割をします。網の開口部が広がることで、より多くの漁獲が可能になります。網の開口幅は、曳航速力と曳航ロープの長さで調節します。

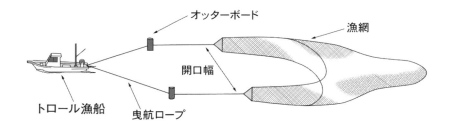

問題18-2

漁船は対象とする魚種や漁法によって船型や艤装に特徴があります。では、イラストの漁船はどんな漁法で何を捕るものでしょう。

1. はえ縄漁法でマグロを捕る
2. 突きん棒漁法でカジキを捕る
3. 棒受網漁法でサンマを捕る
4. 機械釣り漁法でイカを捕る

解説

漁法別漁船

　漁船には捕獲する魚種や使用する漁法によってかなり明確な特徴があります。

　マグロはえ縄漁船は、船尾から投縄したはえ縄を右舷船首に設けたラインホーラーで巻き上げていきます。掛かった魚を引き揚げるための扉が右舷舷側に設けられているのが特徴です。

　突きん棒漁法は、水面を泳いでいるカジキを船で追いかけ、モリで突いて漁獲するため、船首に突き台と呼ばれる足場がせり出しています。

　サンマ棒受網漁船は舷側に光で魚を寄せてすくい取るため、舷側から突き出た集魚灯が両舷にあります。

　イカ釣り漁船は、イカ角の付いた幹糸を巻き上げるためのドラムが舷側に並び、集魚用の電灯が船上にあります。

問題18-3

正月など、めでたい行事の際に漁船を飾る大漁旗。その絢爛豪華な図柄は、大漁を祝す宴で網元が網子に振る舞った着物の図柄を継承したものといわれています。では、このあでやかな着物は何と呼ばれていたでしょう。

1. 振袖
2. 万祝
3. 小紋
4. 狩衣

写真：松本和久

解説

大漁旗

　大漁旗の発祥には諸説ありますが、おおむね陸に大漁を知らせるために掲げたものが旗になったということのようです。この掲げたものが土地によりさまざまで、多くは幟や布でしたが、中には饅頭笠や腰巻だったところもあったとか。当初は赤無地や一本帯などのシンプルな柄、または船印（屋号）を染めたものが一般的でした。

　千葉県の房総半島では、大漁となった日には網元が万祝いと呼ばれる宴を催し、漁師をねぎらうしきたりがありました。江戸時代の後期になると大漁の祝儀に着物が振る舞われるようになり、やがて着物そのものを万祝と呼ぶようになります。背中から裾にかけて魚や鶴などの縁起物が鮮やかに描かれた揃いの万祝を着て、神社仏閣に参拝に行くのが当時の慣わしでした。

　戦後、万祝の習慣はなくなりましたが、図柄は大漁旗に引き継がれ、全国に広まっていきました。

問題18-4

　凧(たこ)の原理を利用して、船を横に流しながら網を引く帆引き網漁。現在は観光用として親しまれています。では、この漁法の発祥の地とされる湖はどこでしょう。

1. 霞ヶ浦
2. 琵琶湖
3. 宍道湖(しんじ)
4. 浜名湖

解説

帆引き網漁

　袋状の網を水中で引く漁法を引き網漁といいます。船の動力を使わず、風や人力で網を引く引き網漁には打瀬網漁(うたせあみ)や手繰網漁(たぐりあみ)などいくつかあります。

　霞ヶ浦に昔から伝わる帆引き網漁は、この打瀬網漁の一つに分類されます。帆を使い風の力を利用して船を横に流す漁法としては他の地域の打瀬網漁と同じなのですが、大きく異なる点は、帆引き船の場合は、そのつり縄が帆桁からも延びている点にあります。

　このつり縄を利用した帆引き船のメカニズムは、明治13年に旧霞ヶ浦町の折本良平がシラウオ漁を目的に考案したものです。その後、ワカサギ漁の主役として昭和42年まで約100年間にわたり、霞ヶ浦の漁業を支えてきました。

問題18-5

　カツオ一本釣り漁では、魚群を見つけると船の周りに群れを留めておくため生きたイワシを撒きますが、イワシが群れているように演出するために、あることを行います。それは何でしょう。

1. 海面を竿で叩いて大きな音を出す
2. 海面に向かって勢いよく水を撒く
3. 海面に向かって明かりを照射する
4. 海面に空気を噴射して波立たせる

解説

カツオ一本釣り

　豪快なカツオの一本釣り漁法を一度はテレビなどで見たことがあると思いますが、では、なぜほかの魚と違って網で捕らず一本釣りなのでしょう。それは、カツオの遊泳速度がとても速く、網で囲い込むことが難しいからです。また、鮮度が非常に落ちやすく、他の漁法ではカツオ同士が網の中でぶつかったり、回収に時間がかかったりして傷んでしまうので、もっぱら一本釣りで捕獲しているのです。

　泳ぐ速度が速いため、群れを見つけてももたもたしていては一瞬で去って行ってしまいます。そこで、群れを見つけると生きたイワシを撒いてカツオを寄せます。これに加えて撒水ポンプで海面にシャワーのように水を撒き、イワシが群れて騒いでいるように演出することで、カツオの群れを長い時間留めておけます。

　餌を求めて水面近くを乱舞するカツオをたくましい船員たちが一本釣りの竿で一心不乱に釣り上げます。釣り上げられたカツオは急速冷凍され、釣りたての鮮度を保ったまま港へ向かいます。

19 レース

問題19-1

世界最高峰のヨットレースといわれるアメリカズカップ。その対戦方法はどういうものでしょう。

1. ヨットクラブ対ヨットクラブ
2. 水域代表チーム対水域代表チーム
3. 国代表チーム対国代表チーム
4. 個人対個人

解説

アメリカズカップ

　アメリカズカップは、1851年にイギリスで開催されたワイト島一周レースがそのルーツです。このレースに招かれたアメリカ・ニューヨークヨットクラブの〈アメリカ〉号が勝利し、その優勝トロフィーが後にアメリカズカップと呼ばれるようになりました。1870年、第1回アメリカズカップがニューヨークで開催され、第3回以降は、ヨットクラブ対ヨットクラブによる1対1のマッチレーススタイルで行われています。

　カップは1980年までニューヨークヨットクラブが守り続けていましたが、1983年の第25回大会でオーストラリアのロイヤルパースヨットクラブが勝利し、以降、アメリカ、ニュージーランド、スイスのチームがカップを手にしています。

　また日本からは「ニッポンチャレンジ」が1992年大会に初挑戦。1995年、2000年大会にも続けて挑戦しました。そして2015年、関西ヨットクラブ（西宮市）を母体とする「ソフトバンク・チームジャパン」が2017年大会に向けて挑戦を始めました。

問題19-2

　オリンピックのセーリング競技で日本の選手がメダルを獲得したことが、過去に2回あります（2015年現在）。最初は、1996年のアトランタ大会での重由美子／木下アリーシア組の銀メダル。2つ目は、2004年のアテネ大会での関一人／轟賢二郎組の銅メダルです。この両チームが参加した種目（ヨットのクラス）は何でしょう。

1．ナクラ17級　　2．470級　　3．レーザー級　　4．フィン級

解説

オリンピックのセーリング種目

　「470級」は、1976年のモントリオール大会から採用されている種目です。全長470cm、2人乗り、1本のマストに2枚または3枚のセールを張って帆走するセーリングディンギーで、欧米の選手に比べて体の小さい日本人でも乗りこなせるサイズのため、日本国内でも学生から社会人まで、さかんにレース活動が行われています。そんな国内の厚い選手層の中から、重／木下組、関／轟組のメダリストが誕生したのです。

　なお、オリンピックのセーリング競技の実施種目は大会のたびに入れ替わりがありますが、2016年のリオデジャネイロ大会でデビューする「ナクラ17級」は、オリンピックのために開発された最新モデル。カタマラン（双胴船）であり、巨大なセール、ダブルトラピーズ（乗員2人がワイヤにぶら下がって艇外に出ることで傾きを抑えるシステム）を備える、ハイパフォーマンス艇です。

470級

問題19-3

　長崎ペーロンと那覇ハーリーは、どちらも太古の昔に中国で始まった竜船競漕を起源としていますが、それぞれ長い伝統の中で独自に発展していきました。では、両者を比較した次の文で間違っているものはどれでしょう。

1. 船の長さは、那覇ハーリーのほうが長い
2. 漕ぎ手の人数は、長崎ペーロンのほうが少ない
3. 1レースあたりの出走艇数は、那覇ハーリーのほうが多い
4. コース距離は、長崎ペーロンのほうが長い

解説

竜船競漕

　古代中国の春秋戦国時代、楚の国の政治家、屈原が他者の謀略に遭って失脚し、国を憂えて川に身を投げました。民衆は舟を出し、どらや太鼓を鳴らして魚を追い払い、亡骸を守ったそうです。その後、慰霊のために毎年竜船競漕が行われるようになりました。長崎ペーロンも那覇ハーリーも、この故事に由来します。

　長崎ペーロンの競技艇は参加者の持ち寄りで、長さは45尺（約13.6m）、乗員は30人以内、うち漕ぎ手は26人以内と決められています。1レースの出走艇数はおおむね3隻から6隻、往路630m、復路520mの距離を競います。

　那覇ハーリーの競技艇はあらかじめ用意された3隻で、緑色は那覇、黄色は久米、黒色は泊と呼ばれます。長さは14.5m、乗員はおおむね42人、そのうち漕ぎ手は32人と決められています。1レースにつき3艇で往路350m、復路300mの距離を競います。

問題19-4

パワーボートのサーキットレースでは、世界を転戦するフォーミュラ1（F1）クラスが最高峰ですが、わが国で開催されているフォーミュラクラスの最大クラスは何と呼ばれているでしょう。

1. OSY400
2. V850
3. F3000
4. OFFスーパー

写真：マリンスポーツ財団

解説

パワーボートレース

ヨーロッパや中東、中国など世界を転戦するF1クラスは、国際モーターボート連盟（UIM）の管轄下で開催されています。開催地にはカーレースのF1と同様に何万人という観客が集まり、大イベントになります。

日本国内のパワーボートレースは、UIM公認の日本パワーボート協会が統括しており、コースマークによって閉鎖された競技用周回コースを走るサーキットレースと耐久レースであるオフショアレースが行われています。船型や排気量などによってハイドロ、フォーミュラクラス、Vクラス、オフショアに分かれますが、サーキットレースで行われるフォーミュラクラスの最大クラスはF3000と呼ばれています。

カタマラン型の船体、全長4.8m以上、エンジン排気量3,000cc以下（2ストローク環境対応型は1.3倍、4ストロークは1.6倍までOK）の船外機など、F1と同じレギュレーションが適用されます。時速は200km/hを超えるため、観客はその迫力に圧倒されます。

問題19-5

　日本で毎年夏に開催されている「ソーラー＆人力ボートレース」は、化石燃料を使わないエコなボートでスピードを競う大会です。ソーラー、人力のどちらの部門もさらに２つのカテゴリーに分かれていますが、それはどういう分け方でしょう。

1. 水中翼の有無
2. 操縦者の体重
3. モノハル（単胴船）とマルチハル（双胴船）
4. カーボン素材の使用

解説

ソーラー＆人力ボートレース

　船のスピードにとって大きな障害となるのが、水の抵抗です。空気と比べて密度が800倍もある水を押し退けて進むにはパワーが必要なのです。水中翼船の場合、ある程度速度が上がると、水中翼が発生する揚力によって船体が浮き上がります。すると船体は水の抵抗から開放されるので、少ないパワーでスピードを出すことができるのです。水中翼のある船とない船がスピードを競っても勝負にならないので、「ソーラー＆人力ボートレース」では、水中翼の有無でカテゴリーを分けています。

　「夢の船コンテスト」というイベントを前身とする「ソーラー＆人力ボートレース」では、企業や学校の有志がアイデアいっぱいのボートを設計、製作し、レースに臨みます。100m、スラローム、30分耐久の３レースを行いますが、水中翼船のトップは100mを10秒台で走り抜けます。

20 探検

問題20-1

明治45年(1912年)に日本で初めて木造機帆船〈開南丸〉による南極探検を行い、南極点には達しなかったものの、到達した最南端に日章旗を立て「大和雪原」と命名した人は誰でしょう。

1. 大隈重信
2. 東郷平八郎
3. 白瀬矗(のぶ)
4. 郡司成忠

解説

大和雪原

白瀬中尉として知られている白瀬矗は、秋田県金浦村(現・にかほ市)の歴史あるお寺の長男として生まれました。

最初は北極を目指した白瀬でしたが、アメリカの探検家、ペアリーの北極点到達を知ると計画を南極に変更し、明治43年11月28日、隊員27人とともに、東郷平八郎が命名した200トンの木造機帆船〈開南丸〉で東京芝浦港を出港しました。

この〈開南丸〉のマストには、隊旗「南極探検旗」が掲げられていました。これは4つの星をダイヤモンド形に結んだデザインで南十字旗とも呼ばれ、固い団結と信頼を表しています。

困難な航海を経て、開南湾(白瀬命名)に到着した後も過酷な探検は続き、ついに南極点到達を断念。明治45年1月28日に到達した南緯80度50分周辺一帯を「大和雪原」と命名して帰国の途に就きました。ただ、残念なことに、日章旗を立てた地点は、大陸ではなく氷上でした。

問題20-2

南米とポリネシア諸島との間には古代から交流があったとされる説を、実際に航海を行うことで実証したノルウェーの探検家トール・ヘイエルダール。彼がこの実証実験に使ったいかだの船名は何でしょう。

1. ラー号
2. チグリス号
3. マーメイド号
4. コンチキ号

解説

トール・ヘイエルダール

ノルウェーの人類学者トール・ヘイエルダール（1914～2002年）は、「南米インカ文明とポリネシア文明との類似性から、ポリネシア人は南米から移り住んだ」という理論を提唱。その説を実証するために、インカ帝国を征服したスペイン人の図面を参考にし、古代インカでも簡単に手に入るバルサ材を使用していかだを作りました。これが〈コンチキ〉号です。1947年4月、ヘイエルダールら6人のクルーを乗せた〈コンチキ〉号はペルーを出航。フンボルト海流にのって予想通りに西進し、4,300マイルを航海した8月にポリネシアのツアモツ諸島のラロイア環礁に漂着しました。

1948年にヘイエルダールが発表した「コンチキ号漂流記」はベストセラーになり、現在も読み継がれています。また、ヘイエルダールの母国ノルウェーのオスロには、コンチキ号博物館（Kon-Tiki Museum）があり、当時の航海の様子を今に伝えています。

問題20-3

　世界が丸いことを実証する世界一周の航海に出かけ、旅の途中で非業の死を遂げた冒険家。パシフィック・オーシャン（太平洋）の命名者としても有名なこの人物は誰でしょう。

1. マゼラン
2. 間宮林蔵
3. ベーリング
4. クック

解説

太平洋

　ポルトガルの航海者、フェルディナンド・マゼランは、1519年、西回り航路を開拓すべくスペインを出航しました。1520年、後にマゼラン海峡と命名される南アメリカ大陸南端の海峡を発見してここを通過し、初めてヨーロッパから西回りで太平洋に到達しました。

　海峡を越えると、それまでの荒れ狂う大西洋とは打って変わって平穏な海が広がっていたことから、この海をラテン語でEl mare pacificum（マール・パシフィコ＝平和な海）と命名しました。英語表記にするとPacific Ocean（パシフィック・オーシャン）になります。航海途中のフィリピンで、ラプ＝ラプ王との戦いによりマゼランは戦死しましたが、残された艦隊が史上初めての世界一周を達成し、地球が丸いことを証明しました。

　ちなみに、英語の「Pacific」を日本語へ訳すとき、平和、穏やかを意味する「泰平＝太平」を用いて「太平洋」と命名されました。

　なお、大西洋（Atlantic Ocean）は英語表記の直訳ではなく、単に大きな西の海、という意味での命名のようです。

問題20-4

フランスの海洋学者、ジャック・イヴ・クストーが船長を務めた海洋調査船〈カリプソ〉号は、ある高名な一族から提供を受けた船なのですが、その一族とは次のどれでしょう。

1. ギネスビールを創立したギネス家（アイルランド）
2. ミシュランタイヤを創立したミシュラン家（フランス）
3. 服飾ブランド、バーバリーを創立したバーバリー家（イギリス）
4. 食品メーカー、ネスレを創立したネスレ家（スイス）

解説

カリプソ号

1946年に自給式潜水呼吸器（スクーバ）を開発して特許を取得し、「アクアラング」の名で商品化したダイビングの第一人者クストー。彼は、1950年には海洋調査団体を設立し、イギリスの国会議員、ロエル・ギネス氏に海洋調査船の提供を願い出ました。ギネスビールの創立者の家系で莫大な資産を持つ氏は、軍の退役船〈カリプソ〉号を買い、年1フランでクストーに貸し出します。〈カリプソ〉号は世界中に赴き、40年以上に渡って水中の映像を伝え続けました。

1996年にシンガポール港での衝突事故で沈没した〈カリプソ〉号は、すぐに引き上げられたものの修理のめどが立たず、長らく放置されていました。クストーの死後、ギネス家は〈カリプソ〉号を1ユーロでクストー財団に売却。財団はスイスの時計メーカーIWCシャフハウゼンを共同スポンサーとして〈カリプソ〉号の修復作業を進めています。

写真：帆船模型スタジオM

問題20-5

　南方大陸の発見という密命を受けたキャプテン・クックは、乗組員に対し、最初に陸影を見つけた者には二つの褒美を与えると約束しました。一つはラム酒を与えること。では、もう一つの褒美とは何でしょう。

1. 直ちに1階級昇進させること
2. 陸地を発見者の名前とすること
3. クック自身の短剣を与えること
4. 毎月、銀貨5ポンドを生涯与え続けること

解説

テラ・アウストラリス

　キャプテン・ジェームス・クックの〈エンデバー〉号による1768年の初航海は、タヒチでの金星観測と植物収集が目的でした。しかし、それは表向きのこと。天体観測終了後に開いたイギリス海軍省の封緘書には、「南方大陸（テラ・アウストラリス）を発見せよ」との命令がありました。クックは直ちに南下、その後西進して伝説の大陸を探します。海藻やアザラシ、鳥などを見かけたクックは陸が近いことを悟り、浅瀬に乗り揚げないよう十分な見張りをつけ、そして乗組員にこう約束します。「昼間最初に見つけた者には1ガロン、夜は2ガロンのラム酒を与える。そしてその海岸は今後その者の名で呼ばれる」

　1769年10月7日午後2時、最初にニュージーランドを発見したのは12歳の少年、ニコラス・ヤングでした。今日、ポバティ湾の南端にある岬は「ヤング・ニックス・ヘッド」と呼ばれており、対岸には彼とクックの銅像が立っています。

行ってみよう、見てみよう！

日本の主な海事・海洋博物館 その❷（関東）

● 渚の博物館
〒294-0036 千葉県館山市館山1564-1　TEL.0470-22-3606
http://www.city.tateyama.chiba.jp/hakubutukan/page020599.html
「"渚の駅"たてやま」内にある博物館。旧「千葉県立安房博物館」を継承した内容で、古い木造漁船や漁具をはじめとする展示で、房総の漁業に関わる文化や漁民の生活を紹介している。

● 東京みなと館
〒135-0064 東京都江東区青海2-4-24 青海フロンティアビル20階　TEL.03-5500-2587
http://www.tokyoport.or.jp/
江戸時代から現代まで続く東京港の歴史や役割を大型模型や映像メディアで紹介している。また施設はビルの20階、地上100mにあり、東京港はもちろん、遠くは富士山も見える眺望が人気。

● 船の科学館
〒135-8587 東京都品川区東八潮3-1　TEL.03-5500-1111
http://www.funenokagakukan.or.jp/
船の形をした建物で有名な同館は、2016年1月現在、リニューアルに向けて休館中。しかし所蔵品の一部を展示している別館と、初代南極観測船〈宗谷〉を中心とした屋外展示資料は見学できる。

● 日本海事センター海事図書館
〒102-0093 東京都千代田区平河町2-6-4 海運ビル9階　TEL.03-3263-9422
http://www.jpmac.or.jp/
日本海事センターが運営し、蔵書数40,000冊以上、雑誌900種以上を所蔵するアジア随一の規模と質を誇る海事総合図書館。海事関係者だけでなく、一般の利用も可能。

● 東京海洋大学明治丸海事ミュージアム
〒135-8533 東京都江東区越中島2-1-6　TEL.03-5245-7300
http://www.kaiyodai.ac.jp/meijimaru/meijimaru_index.html
大規模な修復工事が行われ2015年3月に竣工した重要文化財〈明治丸〉と、貴重な資料を所蔵する「東京海洋大学百周年記念資料館」で構成される施設。開館日に注意。

● 帆船日本丸・横浜みなと博物館
〒220-0012 神奈川県横浜市西区みなとみらい2-1-1　TEL.045-221-0280
http://www.nippon-maru.or.jp/port-museum/index.html
帆船〈日本丸〉と横浜港の歴史や役割を紹介する博物館で構成される。子どもも大人も楽しめる体験型の展示や、〈日本丸〉の総帆展帆をはじめとするイベント企画も数多く実施されている。

● 日本郵船歴史博物館・日本郵船氷川丸
［博物館］〒231-0002 神奈川県横浜市中区海岸通3-9　TEL.045-211-1923
［氷川丸］〒231-0023 神奈川県横浜市中区山下町山下公園地先　TEL.045-641-4362
http://www.nyk.com/rekishi/
近代日本の海運を支えてきた日本郵船の歴史を紹介する博物館。一方、昭和5年建造の貨客船〈氷川丸〉は、山下公園に係留保管されて50年以上、多くの人々に愛され続けている。

船の仕組み

もともと海から生まれた人間が、
海へ出ようとしたときから、
船のメカニズムが進化していきました。

21 船型

問題21-1

観光船や外洋ヨットによく見られる船型のカタマラン（双胴船）。このカタマランの語源は何でしょう。

1. 結び合わせた丸太
2. 左右対称
3. 同じもの
4. 大きい復原力

解説

カタマラン

　双胴船（Double hulled ship）は、同じ形の船体を２個、間隔を開けて平行に並べ、甲板または梁（はり）でつなげた船のことをいいます。長さの割に幅の広い甲板が取れる上に、初期復原力が大きく、前進抵抗が小さいので、レーシング用、クルージング用のヨットや高速客船などの船型として採用されています。語源はタミル語のkattamaram（tied wood＝縛った木材）で、丸木舟に小さなサイド・フロート（アウトリガー）を付けたもののことをいいます。

　もともとカタマランやアウトリガー付きの船は、ポリネシア地方に伝わるカヌーが発祥とされています。長期航海を可能とする安定性を持ち、古代ポリネシア人の優れた航海技術とともに、ハワイやイースター島まで移り住むことを可能としました。

問題21-2

近年のモーターボートの主流となる船底形状は、天才デザイナー、レイモンド・ハントの設計で初めて世に出ました。凌波性(りょうはせい)が高く、安定感のある高速航行を可能とするその形状はどれでしょう。

1. ラウンドボトム型　2. ディープV型　3. カタマラン型　4. トリマラン型

解説

ディープV船型

　ディープV船型とは、1960年の「マイアミ・ナッソー・パワーボートレース」で優勝した、31ftの木造艇〈モッピー〉が採用していた船型のことです。リチャード・バートラムのためにレイモンド・ハントが設計したもので、高い凌波性と高速性能によって、レースでは他艇を圧倒しました。

　ディープV船型のデザイン上の特徴は、トランサムデッドライズ（船底勾配(こうばい)。船底最後部の底が成す角度）が大きいことで、ここがV字状になっていることから名づけられたもの。〈モッピー〉のそれは24度でした。翌年〈モッピー〉を原型に、当時はまだ現在ほど一般的ではなかったFRPによる建造方法によって量産化されたのが「バートラム31」で、ディープVのデザインは、その後、世界のモーターボートデザインの流れを大きく塗り替えることになります。

問題21-3

　船長や航海士が操船を行う場所は「ブリッジ」と呼ばれ、日本語でも「船橋」と訳されています。では、なぜブリッジ（＝橋）と呼ばれるようになったのでしょう。

1. 船長と機関長、あるいは船長と航海士が連絡を取り合う橋渡しの場所だから
2. 橋の建築職人が造船技術者となり、操船指揮所を船の橋と呼んだから
3. 外輪船の左右の外輪覆いをつないだ橋の上で操船の指揮をしたから
4. 船が橋をくぐるとき、最も接近する高いところに操舵室があるから

解説

ブリッジ

　帆船時代の操船は、舵板と直結した舵輪が船尾にあったため、船尾の甲板で行われていました。その後、蒸気船（外輪船）の時代になると、船体中央部に設けた機関室や両舷側に設けた推進装置の外輪が死角をつくるため、船尾からでは見通しが悪く、操船に支障を来すようになってきました。

　そこで、両舷の外輪の覆いを橋状の構造物でつなぎ、その上に操舵室を設けて操船をするようになりました。その形状が両舷をつなぐ橋そのものだったためブリッジと呼ばれるようになり、いつしか上に載った操舵室そのものをブリッジと呼ぶようになりました。

　スクリュープロペラ船の出現で外輪船は廃れ、橋のかたちをした構造物のない船型ばかりとなりましたが、操舵室は今でもブリッジと呼ばれています。

問題21-4

イギリスの運河を巡るナローボートは、長さは10～20mもあるのに幅が2mしかない細長い船ですが、このような船型をしているのはなぜでしょう。

1. 間口の狭い閘門や幅の狭い運河で効率よく大量の石炭を運ぶため
2. 狭い運河では船体の縦横比が大きいほど航行時の抵抗が減るため
3. 運河の通行税は運河の横方向の占有率を基準に算定されるため
4. 内水面を航行する船の登録税は船の幅を基準にしているため

解説

ナローボート

写真：田中憲一（運河の旅人）

イギリス全土に張り巡らされた5,000kmにも及ぶ運河は、もともと産業革命の原動力だった石炭や貨物を運ぶために作られたもので、ここを走る運搬船は、間口の狭い閘門や幅の狭い運河でも効率よく大量に物資を運べるよう、ナローボートと呼ばれる極端に細長い船型をしていました。

運河は物資輸送の手段としての使命を終えましたが、その歴史的価値や観光資産としての価値から再び脚光を浴び、今ではのんびり船旅を楽しむために使われ、世界中から観光客を集めています。

この船旅に使われるボートは、石炭の運搬船だったナローボートを改造したもので、ベッド、シャワー、キッチンなど生活に必要な設備が一通り揃っています。操作は前進・停止・後進のみで至って簡単なため、免許も不要。その速さは人が歩くのと変わらないことから、景色を眺めながらみんなで食事を作ったり歓談したりと、ゆったりとしたクルージングを楽しんでいます。

問題21-5

近年、各国海軍でステルス性能を備えた軍艦の就役が増えています。これらの艦艇の多くは、舷側や上部構造物を内側に傾斜させてレーダー波を空に向かって反射させる船型をしています。ではこのような船型を何と呼ぶでしょう。

1. トリマラン　　2. タンブルホーム　　3. シーガル　　4. ベルボトム

解説

ステルス船型

「こっそり」を意味するステルスは、敵から探知されづらくする軍事技術の意味でよく使われます。ステルス性能を実現するための要素はいくつかありますが、敵を早期発見する最も有効な手段はレーダーですから、レーダーに映らない船体を作ればいいわけです。レーダーは電波を発射し、対象物に当たった反射波を捕捉して対象物の存在を知るものですから、手っ取り早いのは飛んできたレーダー波をあらぬ方向に反射させる形状にしてしまうことです。

そのために取り入れられたのが、タンブルホームという船型です。これは舷側を甲板に向かって内傾させたもので、上部構造物も上方ほど尖らせることで、レーダー反射波を空に逃がして探知されづらくしています。もとは帆船のマストを支える横静索（シュラウド）をまっすぐ舷側に固定するために考案された船型ですが、まったく別の用途に使われています。

敵から察知されにくいということは一般の船舶からも見えにくいということで、平時であってもレーダーに映らないのはちょっと怖いですね。

22 推進装置

問題22-1

船を進めるスクリュープロペラの生産において、世界シェアNo.1を誇るメーカーはどこでしょう。

1. MMG（ドイツ）
2. ナカシマプロペラ（日本）
3. ミシガンホイール（米国）
4. 現代（韓国）

解説

スクリュープロペラ

多くの舶用プロペラメーカーは製造する種類を絞っていますが、岡山県に本社があるナカシマプロペラは、小型は直径18cmから大型は直径約10mまでと、船ごとに異なるあらゆるジャンルのプロペラを作製し、世界シェアNo.1を誇ります。

ちなみにプロペラメーカーではありますが、同社ではカリヨン、メロディーベルといった楽器も製造しています。これは水中で音がしないプロペラ用の金属の開発や、舶用プロペラの形状解析によって培われた高い技術力を、心地良い音色を発する製品作りに生かしたものです。また、グループ企業により人工関節を製造していますが、これは一品受注生産という点ではプロペラと共通するところがあり、機械加工ではできない1/100mmを研磨する熟練工による技術が、ここにも生かされています。

問題 22-2

フェリーや水上オートバイに使われ、高速走行が可能なウォータージェット推進。前進する力を得るため、船尾から噴射するものは何でしょう。

1. 水素ガス
2. 水蒸気
3. 水
4. 氷

解説

プロペラの限界

　船の推進装置には通常スクリュープロペラを用いています。スクリュープロペラは回せば回すほど速力が出るというものではなく、一定時間内の回転数を増やし続けると、プロペラ周辺の圧力が下がり低温でも水が沸騰してプロペラの表面に気泡が生じて推進効率が下がる、キャビテーション（空洞現象）を生じてしまいます。

　この欠点を解消して、船を高速化させるシステムを実用化したのがニュージーランドのウィリアム・ハミルトンでした。ハミルトンは、ポンプから水を吐き出すときの反動で船を進めることを考えました。そこで、キャビテーションが生じないよう筒の中にプロペラを配したウォータージェットポンプで外部から吸い込んだ水を圧縮、加速し、後方に噴射する推進装置を開発しました。

　現在は、水上オートバイをはじめとするプレジャーボートから、海上保安庁の取締船や大型フェリーなど、さまざまな分野の高速船の推進器として幅広く利用されています。

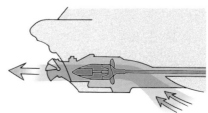

問題22-3

　小舟を動かすときに使う「艪（ろ）」と「櫂（かい）」。しばしば混同されてしまうことがありますが、両者の決定的な違いは何でしょう。

1. 艪は水中に入れたまま漕ぐが、櫂は漕ぐときにいったん水面上に出る
2. 艪は1本で漕げるが、櫂は必ず2本セットでなければ漕げない
3. 艪は両手でなければ漕げないが、櫂は片手でも漕げる
4. 艪の長さは船の幅より長いが、櫂は船の幅より短い

解説

艪と櫂

　人力で船を進めるための道具には、大きく二つに分けて、艪と櫂があります。

　櫂には2種類あり、人を支点として水をかいて進むパドルと、船に取り付け、そこを支点にして水をかくオールとがあります。ともにいったん水をかいた後、水面上に出して元の位置に戻して漕ぐ動作を繰り返します。

　一方、艪は、船に取り付けることはオールと同じですが、先端を水没させたまま左右に水を切るように動かします。水をかく個所は片面に膨らみがある飛行機の翼と同じ形をしており、動かすことで揚力が発生し、推進力を生み出します。

　櫂は艪に比べてスピードを出せますが、長い時間漕ぐには漕ぎ手の体力が必要です。一方、艪は、水の抵抗が少ないため負担が小さく長時間漕ぎ続けることができる優れた推進具で、「猿でも漕げる」として、実際に猿が漕いで話題になった艪もありました。

　一廉（ひとかど）のものになるにはそれ相応の時間がかかる——ということわざ「櫂は三年、艪は三月」からも、艪のやさしさが伝わってきます。

問題22-4

　タグボートは小さな船体ながら高出力のエンジンを積み、非常に小回りの効く操縦性能を持っています。その操縦性能を支える、ローター（円盤）に数枚のブレードを付けた図のような推進装置を何というでしょう。

1. デュオプロップ・プロペラ
2. コルト・ノズル・プロペラ
3. コントローラブル・ピッチ・プロペラ
4. フォイト・シュナイダー・プロペラ

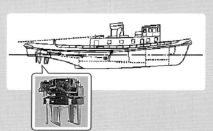

解説

舵のない船

　一般的な船舶は、プロペラで起こした水流が舵（ラダー）に当たる際の水圧の差を利用して方向を変えますが、回転するローターに垂直に取り付けられた羽根の角度を連続的に変え、それぞれの羽根に次々と揚力を発生させ、瞬時に方向を変えられる推進装置があります。オーストリアの技術者であるエルンスト・シュナイダーが開発し、ドイツの機械メーカー、フォイト社が船舶用推進器として実用化したフォイト・シュナイダー・プロペラ（VSP）です。

　このプロペラを装備した船舶は、静止状態から船体を前後に動かすことなく360度の回頭ができるなど、旋回性能やコントロール性が格段に向上します。このような特性から、狭い港内で複雑な取り回しが求められるタグボートや、正確な操船を求められる運河運搬船などに採用されています。

　また、VSPと同様に舵が不要で、水平方向に360度旋回するプロペラを装備したものをアジマススラスターといい、多くのタグボートに採用されています。

問題22-5

氷の海を進む砕氷船は、その特殊な航行形態に適した推進方式を採用しています。では、第4代南極観測船〈しらせ〉に使われている推進方式は何でしょう。

1. ディーゼル電気推進方式
2. ジェット推進方式
3. ガスタービン推進方式
4. 原子力推進方式

解説

砕氷船の推進方式

　砕氷船は、主に南極や北極など、氷で閉ざされた海域への航海を目的とし、前進と後進を繰り返したり、乗り揚げたりして氷を粉砕しながら進みます。

　氷をゆっくりと割って進む砕氷船には、一般の船舶より大きな推進トルクが要求されます。そこでエンジンの回転力をそのまま推進器に伝える方式よりも、低回転時の発生トルクが大きい電動モーターを利用した電気推進方式が採用されています。また、電動モーターであるため、瞬時に前後進を切り替えることができます。〈しらせ〉は、電動モーターを動かす電気を発電するためにディーゼルエンジンを用いた「ディーゼル電気推進方式」を採用しています。

　なお、電気推進方式には低振動や低騒音、あるいは機関設置の自由度が高いといった特徴もあり、ポッドと呼ばれる電動モーターを内蔵した360度回転する楕円体とプロペラを一体化したポッド型推進装置と組み合わせ、砕氷船だけでなく、クルーズ客船への採用が増えています。

写真：海上自衛隊

23 艤装／大型船

問題23-1

大型船の船体に描かれたマークのうち、水面下に突き出た球状の船首「バルバスバウ」の存在を示すものはどれでしょう。

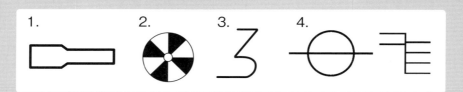

解説

船のマーク

船には船名や船籍港のほかにもさまざまなマークや文字が描かれています。

1は、船体の横揺れを防ぐため、両舷の船底近くに張り出した小さな翼「フィンスタビライザー」の位置を表すマークです。

2は、船体を横に移動させるため、船体の水面下にトンネルを開けてプロペラを付けた「スラスター」の位置を示すマークです。

3は、船体にかかる水の抵抗を減らすため、水面下の球状に突き出ている船首「バルバスバウ」を表し、突き出た部分に小型船が乗り揚げるのを防ぐマークです。

4は、船を安全に航行させるため、季節や走る海域によって貨物を積むことができる限界を表した「満載喫水線」のマークです。

ほかにも、タグボートが船体を押してもへこまない丈夫な場所をあらわす「プッシュライン」や船体が水面からどれくらい沈んでいるかを表す目盛「ドラフトマーク」などが描かれています。

問題23-2

岸壁に係留されている外航船のホーサー（係船ロープ）を見ると、このような丸い円盤が取り付けられていました。これは何でしょう。

1. マットガード
2. ラットガード
3. ナットガード
4. ハットガード

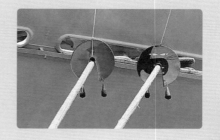

解説

船を外敵から守れ

　ネズミは船内の食料や積み荷を食べて被害をもたらすことに加え、病原菌を船内や船が入港する土地にまき散らし、伝染させるおそれがあります。そのため、岸壁に係留中の大型船は係船ロープに金属製の円盤を取り付け、ロープを伝って船内にネズミが侵入するのを防ぎます。これがラットガードです。

　イギリスの古い法律では、猫を乗せていない船のネズミの被害には保険金が支払われませんでした。また、現在の日本の法律（検疫法）でも、外国を行き来する船には、ネズミの駆除が義務付けられているなど、古今東西を問わず、ネズミは船の天敵であることがよく分かります。

問題23-3

航海訓練所の帆船〈海王丸〉の船首には、笛を持つ可憐（かれん）な女性像「紺青（こんじょう）」が取り付けられています。航海の安全を祈るために取り付けられたこのような像のことを何というでしょう。

1. ドールヘッド
2. シップスヘッド
3. スキンヘッド
4. フィギュアヘッド

解説

船首像

　16世紀の大航海時代は、まだ帆船の性能が低く、航路も確立していないため、さまざまな危険が待ち受け、航海はまさに命がけでした。そこで神の加護のもと、航海の安全を脅かす魔物から逃れるようにと、また不意に遭遇する敵を威嚇（いかく）するために、船乗りたちは競って船首に像を飾りました。これがフィギュアヘッド（船首像）です。神の加護を受けるために天使をモチーフにしたものが多く、また、相手を威嚇する意図が強い場合は、ライオンなどの猛獣のデザインが好まれました。

　ちなみに同じ航海訓練所の帆船〈日本丸〉にも船首像「藍青（らんじょう）」が取り付けられています。気高く優しさのうちに凛々（りり）しさを秘めた日本女性を表現しているそうで、未だ少女のあどけなさを残した〈海王丸〉の「紺青」のお姉さんに当たるそうです。

問題23-4

大型客船等に装備され、横揺れ軽減に対して非常に有効なフィンスタビライザーの最大の欠点は何でしょう。

1. 航行中でないと効かない
2. 停泊中でないと効かない
3. 荒天中でないと使用できない
4. 凪(なぎ)でないと使用できない

2016年7月就航予定の新〈おがさわら丸〉のフィンスタビライザー（図版：小笠原海運）

解説

アンチローリング装置

　船側から水中に翼を突き出すことで優れたアンチローリング（横揺れ防止）効果を発揮するフィンスタビライザーは、三菱重工の元良信太郎博士が大正12年に発明し、対馬商船の〈睦丸〉に装着されたのが始まりです。画期的な装置ですが、前進航行中の水の流れを利用して揚力を発生させて横揺れを軽減しているため、前進速度がないとほとんど効力がないのが最大の欠点です。

　近年、これ以上に効果のある装置として注目されているのがジャイロスコープを応用したジャイロスタビライザーです。最大の特徴は航行中の揺れだけでなく、停船時の横揺れまで減少させることにあります。また、船舶のどこに取り付けてもその減揺効果を発揮するため、既存船への取り付けも可能です。このジャイロスタビライザーは、世界で初めて日本海軍が空母〈鳳翔〉（ほうしょう）（1922年／大正11年竣工）に搭載し、90tもある鉄の円盤を高速で回して艦体のローリングを抑えました。今では「アンチローリングジャイロ（ARG）」の商品名で発売され、さまざまな船に搭載されています。

問題23-5

　ある自動車運搬船が、横浜から北米のサンフランシスコに向け、水先人（パイロット）を乗せて出港しました。よく見ると、船体の各所にさまざまな旗が揚がっています。では、これらの旗の意味として間違っているものはどれでしょう。

1. 船首に揚がっている旗は、積荷を依頼した自動車会社を表す
2. 船尾に揚がっている日章旗は、自動車運搬船の国籍を表す
3. マスト最上部に揚がっている米国旗は、最初の寄港地のある国を表す
4. 同じくマストに揚がっているH旗は、水先人を乗せていることを表す

解説

船の旗

　船では、通信手段を含めてさまざまな旗が使われます。また、旗が掲揚される場所には一定のルールがあり、掲げられた旗からいろいろなことが分かります。

　船の最後部にはその船籍（船の国籍）を表す「国旗」を揚げます。船の一番高いところには出港後の最初の寄港地の国旗である「行先旗」を揚げます。船の最前部にはその船を所有している会社の旗である「社旗」を揚げます。

　行先旗と同じマストには、さまざまな通信のために世界共通で使われる「国際信号旗」が揚げられます。アルファベットの文字旗26枚、数字旗10枚、代表旗3枚、回答旗1枚の合計40枚で構成された国際信号旗は、1枚あるいは数枚を組み合わせて、さまざまな意味を示します。例えば「H旗」は水先人を乗せていることを表しています。

24 艤装／小型船

問題24-1

風による横流れの防止と復原力の確保のために、ヨット（小型のディンギーを除く）の船底から出ているこの翼状のおもりの名前は何でしょう。

1. ビルジキール
2. センターボード
3. バラストキール
4. フィンスタビライザー

解説

ヨットの船底

モノハル（単胴）ヨットの船底には、バラストキールといわれるものが付いています。バラストキールは、①転覆しないためのおもりの役目をする、②風上方向に帆走するとき、横流れしないように揚力を発生する、という二つの大きな役割を果たしています。

バラストキールの形状や重さによって、ヨットの復原性能（傾いたときに起きあがる性能）、帆走性能（スピードや風上に向かうことができる角度）などが大きく変わってきます。

また、特にレース艇では、より高い性能を発揮するために、下端に砲弾状のおもりを付ける、下端に横方向の翼を付ける、といった工夫を加えたバラストキールを持つヨットもあります。

問題24-2

建物の窓はほとんどが四角なのに、船では丸い窓がよく使われます。その理由は何でしょう。

1. 厚さを気にしなければ丸いほうが安価にできるから
2. 流線型の船体には丸いほうが見栄えがよいから
3. 同じ大きさなら丸いほうが軽量にできるから
4. 丸いほうがねじれに対する抵抗が強いから

解説

船窓

　船体に穴を開けた場合、波によるねじれやゆがみの力は、穴の滑らかでない個所（四角形の角など）に集中してしまい、そこから裂け目が生じやすくなります。このことから、波の影響を受けてたわむ場所や、窓が壊れた場合に海水が入る可能性がある甲板下の船窓には円形の窓が使われます。

　なお、船舶構造規則では、船舶の窓を開口面積や設置場所などで「窓」「舷窓」「天窓」の3種類に分けています。また、長方形の窓は角に十分な丸みを付けることや、上甲板より下の外板に取り付ける舷窓は波浪による荷重に対し十分な強度を持つ丸窓とすることなどが定められています。

　船に空調設備がない時代のこと。帆船では船窓を開けたまま寝ていると、風を受ける方向を変えたときに船の傾きが逆になり、海水が船室に入ってずぶ濡れになることがありました。このことを「鯨が入る」や「鯨が飛び込む」などと言いました。

問題24-3

ヨットレースの最高峰といわれるアメリカズカップ。2017年に英領バミューダ諸島で開催される第35回大会で使われるヨットは、ACクラスという全長約50ftのカタマラン(双胴船)です。最高40～50ノット(約80～100km/h)のスピードが出るのではないかと噂されている、このACクラスが持っていない装備はどれでしょう。

1. マスト　2. フォイル(水中翼)　3. ウイングセール　4. ジブ

解説

ACクラス

2017年のアメリカズカップで使われるACクラスは、2015年現在、実艇は存在していません。発表されている計画では、以下のような特徴を見ることができます。

セールはウイングセールと呼ばれるもので、布などでできたソフトセール(帆)ではありません。カーボンフレームとフィルムで作られた飛行機の翼のようなものが立っている、と考えると分かりやすいでしょう。これ自体に剛性があるので、マストはありません。

アメリカズカップの前哨戦、ルイ・ヴィトン アメリカズカップ・ワールドシリーズに採用されているAC45F。これもウイングセールを備えたカタマラン

フォイル(水中翼)は、船底から水中に飛び出しているダガーボードと呼ばれる板の先に付いています。スピードが上がると、翼が発生する揚力によって船体が水面から浮上して帆走します(翼走=フォイリングという)。これで抵抗を大幅に低減し、スピードを出すことができるのです。

そして、前側の帆であるジブは、ソフトセールを使用しています。風速によって大きさの異なるジブを展開するのも、これまでのヨットと同じです。

問題24-4

　船にはいろいろな種類がありますが、浚渫船とはどのような船をいうでしょう。

1. 大型船舶が接岸や離岸をするときに手助けをする船
2. 出初式や記念式典などでカラー放水をする船
3. 海底の土砂を吸い上げたり掘り下げたりする船
4. 海底に電線や電話線ケーブルなどを敷設する船

解説

浚渫船

　浚渫とは水底の土砂や岩石を取り除く土木作業のことをいいます。海では、航路の水深や幅を確保したり停泊地を確保するため、あるいは埋立用の土砂を採取するといった目的で行われます。浚渫には専用の浚渫機を装置した浚渫船を用います。

　浚渫船にはさまざまなタイプがあって、用途や底質によって使い分けられます。

　ポンプ浚渫船は、海底に降ろしたラダーの先端に取り付けられたカッターで海底の地盤を掘削し、その土砂を浚渫ポンプで海水とともに吸い上げます。

　グラブ浚渫船は、クレーンで吊下げられたグラブバケットで海底の土砂をつかんで掘削し、運搬船に積み込みます。

　バックホウ浚渫船は、バックホウと呼ばれる油圧ショベル型掘削機を搭載した硬土盤用の浚渫船です。

問題24-5

近年、市場に登場したモーターボートの推進装置に「ポッドドライブ」と呼ばれるタイプのものがあります（写真はその一種であるボルボペンタ社のIPS）。この装置を2基搭載したボートには、従来のボートにはないメリットがあります。それは何でしょう。

1. ボートを横方向に進めることができる
2. 高速域では水中翼船のように船体を浮上させる
3. ハイブリッド車のようにエネルギー回生の仕組みを持つ
4. 船底に海洋生物などの汚れが付着しにくい

解説

ポッドドライブ

ポッドドライブは、船底外に突き出したドライブユニットのプロペラを回転させて推進力を得る仕組みです。エンジンは船底内に据え付け、ギアボックスを介してドライブユニットに動力を伝えます。舵板はなく、ドライブユニット自体の方向を変えることによって推力の向きを変え、ボートの進む方向を変えます。

ボルボ・ペンタIPSのエンジンとポッドドライブ（写真：ボルボ・ペンタ・ジャパン）

このユニットを2基搭載したボートでは、各ユニットの推進方向（前後進）、推力（エンジン回転数）、操舵方向を変えて組み合わせることにより、ボートを横方向に移動させることができます。その組み合せは電子制御で行われ、操船者はボートを進めたい方向にジョイスティックを操作するだけで、この動作ができます。港内での離着岸などで大変便利な機能です。

25 エンジン

問題25-1

船のプロペラ付近を見ると、亜鉛板が貼り付けてあったり、プロペラシャフトに巻いてあったりします。これは、何のために取り付けられているのでしょう。

1. プロペラに海藻が着くのを防ぐ
2. プロペラが魚にかじられるのを防ぐ
3. プロペラが変色するのを防ぐ
4. プロペラが腐食するのを防ぐ

ジンク（亜鉛）

解説

防食亜鉛

別名、保護亜鉛、ジンクアノードなどと呼ばれるもので、プロペラのほか、海水に浸かっている金属の腐食を防ぐ役割を持つものです。海水内で2種類の金属が近接した状態にあると、その金属のイオン化傾向が上位にあるものから下位のものに向かって海水内を電流が流れ、上位にあるものが溶解します。これを電食といいます。例えば船舶に多用される鉄と銅の2種類の金属が海水に浸かっていた場合、イオン化傾向が上位にある鉄が溶けてしまうのです。

この原理を応用し、鉄や銅よりもイオン化傾向が上位にある亜鉛をわざと設置して、その亜鉛が溶解している間は鉄や銅は電食から守られる、というのが防食亜鉛の仕組み。防食亜鉛は溶け続けているので、定期的な交換が必要です。

問題25-2

　大型の商船は主にC重油を燃料としていますが、多くの場合、C重油のほかにA重油も積み込まれています。では、次のうち、2種類の燃料を搭載している理由に該当しないものはどれでしょう。

1. メインエンジンにはC重油を使用し、発電機にはA重油を使用する
2. 大型船は、法令で両方の燃料の搭載が義務付けられている
3. 入出港時にはA重油を使用し、外洋ではC重油を使用する
4. 適度な混合比で両方の燃料をブレンドして使用する

解説

A重油とC重油

　海外からタンカーで運ばれた石油（原油）は、国内で精製されてガソリンや灯油、あるいは軽油や重油などの燃料油になります。

　この中の重油は、動粘度（流体の動きにくさの指標）によってA重油、B重油およびC重油の3種類に分かれています。一般的に、大型の商船や客船は、主機（メインエンジン）の燃料油としてC重油を使用しています。C重油は常温では固まっているため、加熱し不純物を取り除いた状態で使用します。

　入出港時は主機の細かい調整や始動・停止を伴うため、エンジントラブルの原因とならないよう、粘度の低いA重油を使用しています。また、発電機の燃料油にはA重油が使われています。ちなみに、エンジンの機種や会社のポリシーによっては、A重油とC重油をブレンドして使用する船舶もあります。

問題25-3

大型船の機関室のパイプ類には、そのパイプに何が流れているかを識別するための塗装や色テープが施してあります。では、それぞれの管系と識別色の組合せとして正しいものはどれでしょう。

1. 燃料油管系………青色
2. 潤滑油管系………黄色
3. 清水管系…………緑色
4. 海水管系…………赤色

解説

配管の色

　船内にある配管は、船が大きくなるにつれ数が多くなるため、取り扱いの明確化や危険防止の観点から、バルブや管系に識別色を施してあります。管系の色は、誰が国内のどの船に乗っても識別できるように船員労働安全衛生規則によって決められています。

　ただし、自衛隊艦船では、乗員が自衛隊員に限られるためなのか、独自の規定があり、管系の識別色は一般船と異なっています。

　なお、機関室などで働く機関部の船員の色覚についてはあまり重要視されていませんでしたが、船員の訓練や資格証明などを定めたSTCW条約の改正に伴い、平成26年4月より従来の甲板部船員だけでなく、機関部の船員に対しても色覚検査が義務付けられました。

管系	識別色	
	一般船	自衛隊艦船
清水管系	青色	青色1本
海水管系	緑色	青色／赤色／青色の3本
潤滑油管系	黄色	茶色2本
燃料油管系	赤色	茶色1本

問題25-4

長期航海をする船舶は、飲料水用以外の清水を確保するために海水から清水を作りますが、次の中で使われない方法はどれでしょう。

1. 海水を氷結させて清水をこした後に溶かす
2. 海水を遠心分離機に掛けて塩分と清水を分離する
3. 塩分を通さない半透膜に海水を通して清水だけを取り出す
4. 海水を真空下で沸騰させ集めた蒸気を冷却して清水を造る

解説

造水器

　長期航海を行う船舶は、出港時に清水タンクに飲料清水を積み込みますが、積み込み量に制限があるため、飲用以外に使用する雑用水（エンジンの冷却清水、洗面、バス、シャワー、トイレ洗浄用など）は造水器で造ります。

　造水方法は海水を沸騰蒸発させ、その蒸気を冷却して清水を造る「蒸発法」が一般的です。船にはエンジンをはじめいろいろな熱源があるため、これらの熱を利用します。エンジンを冷却した清水のようにやや低い温度でも効率よく蒸発させられるよう、海水を真空状態で加熱します（40度で沸騰する）。

　ほかにも半透膜（水は通すが塩分などを通さない）に海水の浸透圧以上の圧力をかけて清水を得る「逆浸透圧法」、イオン交換樹脂膜を利用する「電気透析法」、海水を氷結させて清水をろ過する「冷凍法」などがあります。通常は1日の船内清水使用量をまかなう以上の能力がある造水器が設置されています。

問題25-5

　一般商船に使われる最新の舶用大型エンジンは、電子制御技術を取り入れて燃費を低減し、排気をクリーンにした地球環境にも優しいものとなっています。では最近の舶用大型エンジンの主流はどの形式でしょう。

1. 2ストロークガソリンエンジン
2. 4ストロークガソリンエンジン
3. 2ストロークディーゼルエンジン
4. 4ストロークディーゼルエンジン

解説

環境対応エンジン

　現在、大型船に搭載されている舶用エンジンは、ほとんどが2ストロークディーゼルエンジンとなっています。一般的な大型船のプロペラの回転数は、1分間に60～200回転程度。低速で回転させることで推進効率が向上するため、エンジンも低回転大トルク型のディーゼルエンジンが多く採用されています。

　この大型低速ディーゼルエンジンは、高効率の過給機との組み合わせによって熱効率、つまりエンジンで作られたエネルギーが推進力に変わる効率が50％を超えるものもあります。ちなみに車のエンジンは30％程度で、エンジン単体の熱効率で舶用ディーゼルエンジンに勝るものはありません。また、不純物を多く含む安価な重油を燃料として使用できるため、経済性にも優れています。

　最近は電子制御技術の導入が急速に進み、以前は環境汚染の元凶であった2ストロークエンジンやディーゼルエンジンが、今や地球環境に優しいエンジンの代表になっています。

26 操船理論／大型船

問題26-1

　大型の船は、ほとんどが鉄で造られています。では、鉄のような水に沈む材料で作られた船でも浮かんでいられるのはなぜでしょう。

1. 船特有の形状には船の重量以上の表面張力が働くため
2. 水中の外板の表面積が俯瞰で見た投影面積より広いため
3. 水の中にある部分の体積に相当する水の重量より船体が軽いため
4. 水に沈んでいる部分の内側にある空気が船体を浮き上がらせるため

解説

浮力

　お風呂に入ると体が軽く感じます。このことから、古代ギリシャの科学者アルキメデスは、「水の中の物体は、その物体が押しのけた水の重さと同じだけの上向きの力（浮力）を受ける」ということを発見しました。アルキメデスの原理ですね。

　鉄球の場合、押しのける水の量はその鉄球と同じ量のため、「押しのける水の重さ＜鉄の重さ」となり、鉄球は沈んでしまいます（図1）。

　一方、鉄球と同じ重さの鉄を伸ばし、中が空洞の箱型にして、押しのける水の量を増やせば、「押しのける水の重さ＝鉄の重さ」となったところで静止し、鉄の箱は水に浮いた状態で安定します（図2）。

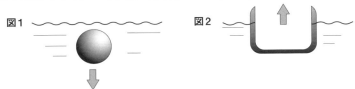

問題26-2

鉄の塊でできたような潜水艦が、自在に潜航したり浮上できるのはなぜでしょう。

1. 艦内に設けたバラストタンクに海水を入れたり出したりする
2. 艦体の上下方向に付いたスクリュープロペラの推力を使う
3. 艦内に設けた巨大な鉄球を前後に動かし重心を移動させる
4. 艦内に空気より重い二酸化炭素を満たしたり抜いたりする

解説

潜水艦

　潜水艦を潜航させたり浮上させたりする原理は、艇体に海水を入れたり出したりして、その重量を変えて浮力を調整する、というものです。そのためのシステムとして、海水の出し入れを行う「バラストタンク」と、空気を高圧で圧縮して蓄えておく「気蓄器」があります。

　潜航するときはバラストタンクに海水を入れます。すると、艦の重量が浮力より大きくなって沈みます。逆に、浮上するときは気蓄器の空気をバラストタンクに注入して海水を排水し、艦の重量を軽くします。

　このほかに水中での姿勢制御用として「トリムタンク」があります。これは文字通りトリム（艦の前後の傾き）調整用で、艦体前後に2カ所設置され、注水して前後の浮力比を操作します。

問題26-3

波や風によって船が傾くと、そのまま転覆しないで元に戻ろうとする力が働きます。この力のことを何というでしょう。

1. 起倒力
2. 復原力
3. 回復力
4. 還元力

解説

傾いた船にかかる力

　船が水に浮かんで静止している場合、船の重さの中心（重心）と船を浮かばせている力の中心（浮心）が、船体中心の垂直線上で釣り合っています（図1）。

　船が波や風によって傾いた場合、重心の位置は変わりませんが、浮心の位置は垂直線上からずれます。このずれを元に戻そうとする力を復原力といいます（図2）。

　船の傾斜によってずれた浮心を鉛直線上に延ばした線と、船の中心線の交点Mをメタセンターといいます。復原力の大きさは重心とメタセンターとの距離で表され、距離が大きいほど、つまり船の重心位置が下方にあるほど復原力は大きく、距離が小さく船の重心位置が上方にあるほど復原力は小さくなります。

　ヨットや帆船など、そのままでは重心が高い船は、重心を下げるための重りを船体の下方に載せています。

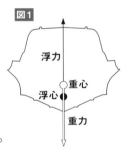

図1

図2

問題26-4

　船舶が、十分に水深のある水域から河川などの水深が浅い水域に入って航行する場合、船体にある現象が発生します。では、船底と水底が接近することで起こるその現象はどれでしょう。

1. 船底下の流れが速くなって船体が沈下する
2. 船底下の流れが速くなって船体が浮上する
3. 船底下の流れが遅くなって船体が沈下する
4. 船底下の流れが遅くなって船体が浮上する

解説

浅水(せんすい)の影響

　水深が十分にある水域を航行する場合、船の周囲の水の流れは上下左右に立体的に広がりますが、水深が浅くなると船底への流れが制限されて側方への平面的な流れに強制されるため、船体周りの水圧分布が変わります。船底下は、水域が狭くなるため流速が増加して圧力が低下し、その結果、船体は沈下します。水深、速力、船型によって沈下量は異なりますが、積荷を満載状態の大型船などは沈下量が大きいため、底触するおそれがあります。このように浅水域を航走中の船体が沈下する現象をスクワット（squat）と呼びます。

　このほかにも浅水による影響としては、船体に随伴する流れと海底との摩擦などによって、造波抵抗、渦抵抗および摩擦抵抗が増大して速力が低下します。また、抵抗増加の影響でプロペラ効率が低下し、燃料消費量が増加します。

問題26-5

航行中の船舶には、その進行を妨げるさまざまな抵抗がかかります。では、船体船首部をバルバスバウと呼ばれる球状にすることにより、低減できる抵抗は何でしょう。

1. 摩擦抵抗
2. 造波抵抗
3. 空気抵抗
4. 造渦抵抗

「大和ミュージアム」（広島県呉市）に展示してある戦艦〈大和〉1/10スケールの模型

解説

船の抵抗

　船が進むときに水から受ける抵抗は、水面に波を作ることによる造波抵抗と、水の粘性による摩擦抵抗や造渦抵抗に大別できます。

　造波抵抗は、波を起こすエネルギーが船の走行に影響を及ぼすもので、抵抗の大きさは船体の形状で決まります。摩擦抵抗は、船体と水が擦れることで発生する抵抗で、水中の船体の表面積に比例して大きくなります。造渦抵抗は、船体表面から離れた水が後方で渦を作り、圧力が低下して後ろ向きに引っ張る力が発生することによるものです。

　船のスピードは造波抵抗を減らすことで上げられます。水線長に対して幅の狭い船にすれば抵抗が減りますが、積載能力が落ちてしまいます。そこで同じ船長で水線長を長くするのと同じ効果を狙って船首水面下に球状の突起を付けたのがバルバスバウです。突起が作る波と船首が作った波同士が干渉して船首の波を消す効果もあります。

　バルバスバウは大型船のほとんどに採用されており、戦艦〈大和〉もこの船体形状を取り入れていました。

27 操船理論／小型船

問題27-1

モーターボートで航行中、大型タンカーの横を高速で追い越そうとしたところ、タンカーの真横に来たところで、引き波もないのに、いきなり予期せぬ動きをして肝を冷やしました。では、どんな動きをしたでしょう。

1. いきなりタンカーに吸い寄せられた
2. いきなり後ろから押されるように加速した
3. いきなり急ブレーキがかかったように減速した
4. いきなり船首が持ち上がってひっくり返りそうになった

解説

ベルヌーイの定理

飛行機の翼の上と下では空気の流れるスピードが違い、これにより圧力差が生じて飛行機を浮き上がらせる揚力が発生しますが、この説明には流体の速度が速いところほど流体による圧力が小さくなるという「ベルヌーイの定理」が欠かせません。

船の周りの水も飛行機の翼と同様な流れ方をしますので、同じように説明ができます。船体の中央部では前や後ろの方よりも水の流れが速く、外側へ引っ張られるような力を受けることになります。船体が左右対称であるため1隻で走っているときは、この力が左右で打ち消しあっています。

ところが、船が2隻並んで走る状況では、中央部の流れがますます速くなり、2隻の船を引き寄せる力が生じるので、気をつけないと小さい船が大きい船に吸い寄せられることになります。

最近もこの吸引作用が原因の大きな事故がありました。小型船はむやみに大型船に近付かないようにしましょう。

問題27-2

舵を取った直後の船は、船体がすぐに旋回方向に向かわず、いったん船尾が原針路から反対方向に押し出されます。この現象を何というでしょう。

1. チョップ
2. キック
3. ヘディング
4. パンチ

解説

重心の偏位

　船を旋回させる際、舵を取った直後はその取った方向とは反対側に船尾が押し出されます。この原針路から押し出される距離（重心の偏位量）をキックといいますが、この作用そのものもキックと呼ばれています。

　キックは、人が船から落ちた場合に落ちた方向に舵を大きく取ることで、プロペラへの巻き込みを避けるのに利用できます。また、舵効きのよいモーターボートでは、船首至近にゴミなどの障害を発見したとき、いったん障害と反対に舵を取り、直後に障害側に舵を取ることで船尾が障害物に接触するのを防ぐことができます。

　反面、岸壁から離れる際、岸壁との距離が十分でない場面で大舵を取ると、キックの作用で船尾を岸壁に接触させてしまうおそれがあるので注意が必要です。

問題27-3

ヨットは、セール（帆）に風を受けることで発生する揚力を利用して、風上に向かって走ることができます。では、理論上、どのくらいの角度まで進むことができるでしょう。

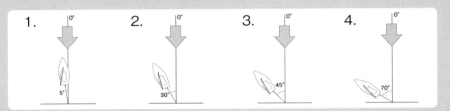

解説

上り角度

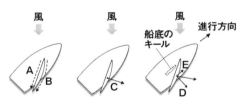

ヨットが風の吹いてくる方向（風上）に向かって走ることができる理由は、以下の通りです。

①セールが風を受けると、風の流れAとBの距離（と速度）の差により、揚力Cが発生します。飛行機の翼が揚力を発生するのと同じメカニズムです。
②揚力Cは、その力の成分を図のDとEに分けることができます。
③成分Dは船底（水面下）に付けられたバラストキールまたはセンターボードによって打ち消されます（横流れを防ぐ）。
④残った成分Eにより、ヨットは前に、つまり風上方向へ進むことができます。

この理論のため、真の風上に向かって走ることはできません。真の風上を0度として、どのくらいの角度まで進むことができるか。その角度のことを「上り角度」といいます。理論上は30度ぐらいまで可能とされていますが、実際にはさまざまなロスも生じるので、一般的なヨットで45度程度です。先鋭的な軽量レーサータイプには35度近くまで上るものもありますし、重いクルージングタイプの中には60〜70度しか上らないものもあります。

問題27-4

船外機を載せたモーターボートが航行中に急カーブを切ると、プロペラ翼に水面の空気を吸い込んでプロペラが異常高回転し、推進力がなくなることがあります。では、この現象を何というでしょう。

1. ベンチレーション
2. キャビテーション
3. インビテーション
4. アクティベーション

解説

推進力喪失

ベンチレーションとは、水面の空気や自船の排気ガスがプロペラ翼に吸い込まれて、プロペラにかかる水の負荷が減少し、プロペラが空転して推進力がなくなる現象です。この現象は、航行中に急カーブを切ったり、ドライブのトリム角度を上げ過ぎて航走したりすると起こります。

多くの船外機船が、エンジンの排気をプロペラ中央部からボートのはるか後方に吐き出す設計になっているのは、排気をプロペラ周辺にとどめない、ベンチレーション防止のための工夫です。

似たような推進力を失う現象に、プロペラの高回転による圧力低下で水が沸騰しプロペラ翼の表面が気泡で覆われる、キャビテーションがあります。

船外機のプロペラ上部にある水平な板を「アンチキャビテーションプレート」といったり、空気を吸い込んでプロペラが空転することを「キャビる」といったりしますが、それぞれベンチレーションによるものなので、ボート業界では使用頻度の高い「誤用」です。

船外機のアンチベンチレーションプレート

問題27-5

ヨットのセーリング中の船の動きとその用語の組み合わせとして間違っているものはどれでしょう。

1. タッキング
2. ランニング
3. アビーム
4. ベアリング

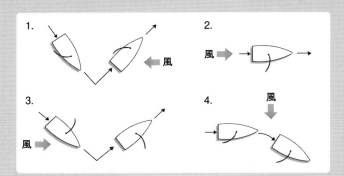

解説

セーリング

　セーリング（帆走）には風の捕らえ方によってそれぞれ呼び名があり、船のほぼ真後ろから風を受けることをランニング（真追手）、船のできるだけ正面から風を受けることをクロースホールド（詰開き）、これら以外の帆走をリーチング（開き走り）といいます。また、真横から風を受けることをアビーム、アビームとランニングの間で風を受けることをクォーターリーといいます。

　帆走中に大きく針路を変更するには、風を受ける舷を変え帆を反対舷に移す操作（＝タックを変える）を行わなければなりません。タックの変え方は二つあり、船首を風上に向けて風を受ける舷を変えることをタッキング（上手回し）といい、船首を風下に向けて舷を変えることを、ジャイビングといいます。

　またタックを変えるほどではない小さな針路変更では、船首を風上側に向けることをラフィングといい、風下側に向けることをベアリングといいます。

28 帆船

問題28-1

練習帆船〈日本丸〉や〈海王丸〉のチーク材でできたデッキ（甲板）の手入れに使用する、聖書に似た形の砥石は何と呼ばれているでしょう。

1. バイブルストーン
2. クリスマスストーン
3. エンジェルストーン
4. ホーリーストーン

解説

聖なる石

　船乗り用語の「タンツー」。これは、朝の仕事始め（ターントゥワーク）のことをいいます。練習帆船ではこのタンツーに、チーク材でできた甲板を磨く作業を行います。

　甲板磨きには二つの方法があります。水を撒いた後、一つは亀の子たわしの材料でもあるヤシの実を半分に割った物で磨く方法、もう一つはさらに砂を撒いてホーリーストーン（聖なる石）と称する砥石で磨く方法です。

　辞書で引くと、「甲板砥石」と出てくるホーリーストーンのいわれは、石の形が聖書に似ていて、甲板をこする様子がひざまずいて祈る格好に見えることからきています。ただほかにも、昔の帆船では日曜に磨いていたので日曜の石（ホリデーストーン）と呼んだ、あるいは、ホーリーは軽いという意味で、軽石を使ったから、など諸説あります。

問題28-2

大型帆船では、すべての帆を操るために何百本ものロープが必要です。では、そのロープをすばやく留めたり、一瞬で解いたりするために使うこの道具の名称は何でしょう。

1. ビレイピン
2. スパイキ
3. シャックル
4. テークル

解説

索止め栓

　横浜みなとみらいに展示してある帆船、初代〈日本丸〉。総帆展帆（そうはんてんぱん）で29枚すべての帆を操るためには、約250本のロープを操作しなければなりません。これらロープのほとんどを留めている道具がビレイピン（索止め栓）です。ピンに数回ロープを巻き付けることで確実に留めることができます。また、ロープが巻かれたビレイピンをピンレールの穴から抜くことで瞬時にロープを解くことができます。

　なお、動詞の「belay」には、（ロープを）索止め栓に八の字形に巻き付ける、といった結索方法まで含んだ意味があります。

　木製のビレイピンは、木材の中で最も重いリグナムバイタで作られています。木製のほかには真鍮（しんちゅう）製のものがあります。

　登山用語にもビレイという言葉がありますが、船で使用していたロープを巻き留める意のビレイから転じて、滑落を防ぐために人をザイルで留めることや足場を確保するという意味で使用されています。

問題28-3

練習帆船〈みらいへ〉は、縦帆と横帆の張り方から「トップスルスクーナー型」と呼ばれています。では、そのシルエットはどれでしょう。

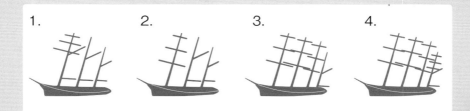

解説

帆装形式

大阪市が所有していた練習帆船〈あこがれ〉は、グローバル人材育成推進機構に委譲され練習帆船〈みらいへ〉として生まれ変わりました。

1：トップスルスクーナー。マストが2本以上で、帆のすべてが縦帆のスクーナーのうち、最前部のマストの上部のみ横帆のもの。〈みらいへ〉はこの型です。

2：バーカンティーン。マストが3本以上で、前部マストだけが横帆で残りのマストは縦帆のものです。

3：バーク。3本ないし4本あるいは5本マストで、最後尾のマストのみが縦帆でほかは横帆。航海訓練所の練習帆船〈日本丸〉および〈海王丸〉がこの型です。

4：シップ。3本ないし4本あるいは5本マストで、最後部のマストの最下部のみ縦帆でほかは横帆。船のことを英語でシップというのは、このシップ型に由来するものです。

問題28-4

　幕末に太平洋を横断した〈咸臨丸（かんりん）〉は、蒸気帆走時代の船としてさまざまな工夫がされていました。では、その工夫のひとつは何でしょう。

1. ファンネルが伸縮式で、スクリューが引き上げ式だった
2. マストが可倒式で、船底塗料が自己溶解式だった
3. 砲塔が取り外し式で、キールが引き上げ式だった
4. ヤードが伸縮式で、ラダーが折り畳み式だった

解説

蒸気帆走船

　幕末、徳川幕府が海軍創設に伴ってオランダに発注した〈咸臨丸〉（原名 japan：ヤパン）は、勝海舟艦長のもと、万延元年（1860年）に太平洋を横断した船として有名ですが、実はその全貌は謎に包まれていました。ところが、昭和44年にオランダにある海事博物館で建造当時の図面が発見され、その詳細が明らかになりました。

　それによると、全長49.7m、排水トン数625トンで、主機に100馬力の蒸気機関を搭載していました。蒸気機関を載せてはいましたが、その信頼性の低さゆえ、バーク型の帆装設備と併用することを前提として造られていました。そこで煙突（ファンネル）は帆走時に帆の操作のじゃまにならないよう縮め、汽走時のみ効率が良いように伸ばす伸縮式となっていました。また、帆走時はスクリュープロペラが水中での抵抗とならないよう、上に引き揚げられる構造になっていました。

　同艦は、明治4年（1871年）、北海道沖で座礁沈没し、14年の短い生涯を閉じました。

問題28-5

大型風力推進船を開発してCO$_2$の排出や燃料費の大幅な削減を実現する計画を東京大学と大手海運会社が共同で進めています。では、平成28年の第一船就航を目指すこの計画を何というでしょう。

1. ウィンドナビゲーティング計画
2. ウィンドチャレンジャー計画
3. ウィンドスラスト計画
4. ウィンドプロパルジョン計画

解説

風をつかんで

現在、大型商船の運航はそのすべてを化石燃料に頼っている状況で、船舶も推進エネルギーのグリーン化が技術開発の最重要課題となっています。そこで、燃料消費の抜本的で大幅な低減とCO$_2$排出削減を目指し企画されたのが「ウィンドチャレンジャー計画」です。

図版：東京大学大学院 新領域創生科学研究科 大内研究室

これは、常識を超えた巨大な硬翼帆により風力エネルギーを最大限に取り込む風力・燃料ハイブリッド推進船を開発するもので、東大を中心とした産学共同研究として平成21年10月にプロジェクトが発足しました。1980年代にも同様の企画はありましたが、「機主帆従」のコンセプトで省エネ率も10％程度の規模なのに対し、ウィンドチャレンジャーは「帆主機従」のコンセプトで、帆による年間平均50％以上の省エネを狙ったものです。

すでに帆の実証実験は行われており、予定通りの機能・性能・強度が確認されれば、実践搭載の船主を募って、平成28年には第一船就航を目指しています。

29 大型船

問題29-1

産油国と日本を行き来する大型タンカー。日本から現地へ行くまでは、原油の代わりに海水を満載していきます。では、この海水にはどんな役目があるのでしょう。

1. 暑い産油国に着くまで船体を冷やす
2. 砂漠が多い産油国の現地で淡水化する
3. 良質な日本近海の海水を現地で販売する
4. 海水の重さを利用して船の重心を下げる

解説

バラスト水

　大型タンカーに限らず貨物船は、貨物を積んだ状態で安定して走れるように設計されているため、空荷では重心が上がって不安定になってしまいます。そこで船体の重心を下げて復原性を確保できるよう、専用タンクに海水を搭載して積み荷の代わりとします。これをバラスト水といいます。

　IMO（国際海事機関）の推定では、年間約120億トンのバラスト水が地球規模で移動しているといわれます。そのバラスト水には、プランクトンや魚類の卵や幼生といった微小な生物が含まれます。このバラスト水とともに運ばれる水生生物が新たな環境に定着し、その海域の生態系に影響を与えるなど海洋汚染や環境破壊が世界各地で深刻化しています。

　そこでIMOでは、排出基準を満たす水処理装置の搭載義務やその装置の定期的な検査、あるいは寄港国による外国船舶の監督が義務付けられた「バラスト水管理条約」を2004年に採択し、間もなく発効される見通しです。

問題29-2

　世界の海を股にかける大型商船。現在走っている船のほとんどは、タンカーを除くと幅が32mまでとなっています。それはなぜでしょう。

1. 現在パナマ運河を航行できる船の最大幅が32mだから
2. 船幅が32m以上になると極端に操縦性能が悪くなるから
3. 各国の港の入港税が船幅32mを境に極端に高くなるから
4. 32m以上の船幅の船を造れる技術がまだ確立されていないから

解説

制限水域

　太平洋と大西洋を結ぶパナマ運河は、1914年に竣工した全長約80kmの運河で、3カ所の閘門が設けられています。この運河を抜けるのに平均24〜25時間（最短で8時間）かかりますが、南米の最南端を迂回せずに太平洋と大西洋を行き来できる唯一の手段となっています。この運河を航行できる最大許容サイズをパナマックスといい、船幅は32mまでとなっています。

　航路の関係でここを通過しない原油タンカー以外は、ほとんどの貨物船や旅客船がこの運河を通航する可能性があるため、船幅をパナマックスサイズ内に抑えています。

　現在、パナマ運河の拡張工事が進んでおり、完成時には、船幅約49mまで通航できるようになります。また、近隣のニカラグアでも太平洋と大西洋を結ぶ運河建設が進行中です。

　世界には、こういった航程を大幅に短縮できるけれど船舶の大きさは制限される運河や海峡がいくつかあり、スエズ運河のスエズマックス、マラッカ海峡のマラッカマックスなどが有名です。

問題29-3

　タンカーが運搬する液体貨物の中には、長い航海の間の温度上昇によって、一部が気化してしまうものもあります。では、この気化した貨物を燃料として再利用することでコスト低減を図っているのは、何を運んでいるタンカーでしょう。

1. 原油
2. 液化石油ガス（LPG）
3. 液化天然ガス（LNG）
4. 軽油

解説

ボイルオフガス

　LNGタンカーは、メタンを主な成分とする液化天然ガス（LNG：Liquefied Natural Gas）を輸送する専用船です。LNGは、沸点がマイナス161.5度と非常に低いため、超低温に適した素材で作成し防熱処理を施したタンクに入れてマイナス162度で液化し、容積を600分の1にした状態で運びます。ところが、長い航海中の温度上昇によって、少しずつ気化してしまいます。こうしたボイルオフガスといわれる気化ガスを、そのまま大気中に放出するのはもったいないし、かといって再液化するにはコストがかかるため、これを燃料として使っています。このため、LNGタンカーは、ボイルオフガスと燃料油の両方を使える蒸気タービンエンジン船が多いのが大きな特徴です。

　また、高い性能を要求されるタンクの形状にはモス方式と呼ばれる独立球形タンク方式や、メンブレン（薄膜）と呼ばれる薄いステンレス鋼でタンクを構成したメンブレン方式などがあります。

問題29-4

　我が国の原油輸入の主力である、超巨大タンカーVLCCが一度に運ぶ30万重量トンの原油は、200リットルドラム缶に詰めて横に並べるとどれくらいの距離になるでしょう。なお、ドラム缶の直径は0.6mです。

1. 東京〜青森間（約718km）
2. 東京〜広島間（約894km）
3. 東京〜札幌間（約1,197km）
4. 東京〜長崎間（約1,329km）

　　　　　　※距離数はJR営業距離

解説

VLCC

　現在、日本の原油の生産はごくわずかで、そのほとんどを海外に依存しています。日々大量に消費される自動車の燃料は、ガソリンのまま産油国から来るわけではなく、原油として運ばれてきて国内で精製されます。その膨大な量の原油は、VLCC（Very Large Crude Carrier）と呼ばれる載貨重量20万トン以上の巨大タンカーが中心となって運んできます。

　VLCCは、長さが東京タワーに匹敵する約300mを超えるものになると、約30万重量トンの原油を一度に運ぶことができます。その30万重量トンの原油をドラム缶に換算すると、約150万本になり、そのドラム缶を立てた状態で横に並べてみると、東京〜広島間とほぼ同じ900kmくらいになります。

[換算式]
1重量トン＝1キロリットル（1,000リットル）
ドラム缶1缶＝200リットル　直径0.6m
30万キロリットル（30万重量トン）÷200リットル＝150万本
150万本×0.6m＝900km

問題29-5

車両を収納する車両甲板を持ち、トラックやトレーラーに搭載した荷物を自走で荷役できる構造の貨物船のことを何というでしょう。

1. リフトオン・リフトオフ船（LOLO船）
2. ロールオン・ロールオフ船（RORO船）
3. キャリーオン・キャリーオフ船（COCO船）
4. ドライブオン・ドライブオフ船（DODO船）

解説

自走式荷役

荷役方法のうち、船側や船尾部の出入り口から岸壁にランプウェー（船と陸を結ぶ橋）を渡し、ここを使ってトラックやトレーラーを自走させて船内に貨物を積み込んだり、岸壁に荷揚げしたりするものをロールオン・ロールオフ（RO/RO）方式と呼んでいます。

写真：日本海事広報協会

逆に、岸壁のクレーンなどで貨物を荷役する方法をリフトオン・リフトオフ（LO/LO）方式と呼び、コンテナ船がその代表です。

RORO船はカーフェリーとほぼ同じ構造をしていますが、旅客を乗せない純粋な貨物船です。従って乗員数も少なく、カーフェリーより安いコストで荷物が運べます。

自動車運搬船もRORO船の一種で、自動車の輸送に特化して設計され、船内は何層にも分かれた立体駐車場のような構造になっています。より多くの車を積むため、積まれる車と車の間隔は前後30cm、左右10cmほどです。専門のドライバーが寸分の狂いもなく積んでいく様は、まさに神業といえます。

30 小型船

問題30-1

ヨットのマストが折れたときに、折れ残ったマストやスピンポールなどを使って作る応急の帆装のことをどのように呼ぶでしょう。

1. イマージェンシーセール
2. アージェントリグ
3. ジュリーリグ
4. レスキューセール

解説

応急の帆装（リグ）

簡単に修理屋を呼ぶことはできない外洋では、ヨットの船体や装備品が壊れたとしても、自力でその場をしのぎ、何としても近くの港などにたどり着いて生還しなければなりません。折れたマストを回収し、残ったマストやブーム、スピンポールなど長い棒状のものを、ロープをうまく使って立て、セールをそれに合わせて裁断、展開して走る応急の帆装のことをジュリーリグ（jury rig）といいます。作り方は千差万別ですが、荒天で遭難してマストを失い、ジュリーリグを作り、何千マイルも走って生還した例はたくさんあります。

ちなみに舵がなくなったり、壊れたときに、大きなオールなどを船尾から出してシートウインチで操舵索を引いてコントロールするなど、あり合わせの材料で作る応急の舵のことは、ジュリーラダーといいます。

問題30-2

　第二次世界大戦の終戦当時、沖縄の漁師はある材料をリサイクルした船を使っていました。それは、次のうちどれでしょう。

1. 飛行機の燃料タンクを利用したタンク船
2. 米軍が投下した不発弾を利用した爆弾船
3. 泡盛を熟成させるカメを利用したカメ船
4. サトウキビ汁を入れる樽を利用した樽船

解説

リサイクル船

　沖縄県立博物館には、第二次世界大戦後の物資が乏しかった時代に作られたさまざまなリサイクル品が展示されています。そういった展示物のひとつであるリサイクル船は、飛行機の燃料タンクを割って、木材等で補強したものです。サバニ（沖縄の伝統的な漁船）ほどスマートな船型ではありませんが、当時の漁師の苦労がしのばれる珍品です。

　また、帆走に使っていたとされるセールも再現されています。このセールは、穀物を輸送するための袋を縫い合わせたもので、入れていた穀物の表示（印刷）が残っているのでリサイクルであることは分かりますが、それがなければリサイクル品とは思えないような見事な出来栄えです。

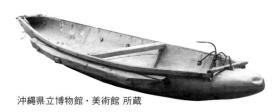

沖縄県立博物館・美術館 所蔵

問題30-3

転覆する可能性がきわめて低く、誰でも操船できる小型ヨット「ハンザディンギー」（旧名アクセスディンギー）は、ヨットが初めての人や障害を持つ人でも簡単に操船できるため、さまざまなイベントや障害者の支援活動に利用されています。では、このハンザディンギーの通常のディンギーと比べた利点として間違っているものはどれでしょう。

1. 進行方向に対し前を向いてシートに座ったまま操縦できる
2. ジョイスティックを行きたい方向に傾けるだけで向きが変わる
3. 小さく軽いセンターボードを使用し転覆の危険がほとんどない
4. ブームの位置が高く通常の着座位置ならブームパンチの心配がない

解説

ハンザディンギー

オーストラリアで発案製造されたハンザディンギーは、ハンモックシートに進行方向を向いて座り、ロープで舵につながっているジョイスティックという小さな棒を、右に倒せば右に、左に倒せば左に進むので、操作が簡単で強い力も要りません。また危険なブームは頭上高い位置にセットされ、センターボードが船の大きさに比べて大きく重いため転覆することはまずありません。

日本を含む十数カ国で、ハンザディンギーを使ったセーリングプログラム「セイラビリティ活動」が展開されています。セイラビリティ活動は、イギリスの王室ヨット協会が1986年にアン王女の提唱で始めたもので、たとえ障害を持っていても人生の質を高める活動としてセーリングする機会を与えたいという理念のもとに行われています。

問題30-4

イタリアはベネチアの名物「ゴンドラ」には、小舟ながらユニークな特徴があります。それは何でしょう。

1. 一本竿で水底を押しながら航行する
2. バランスを取るため船体の左右が非対称である
3. 前後の区別はなく気分で進む方向を変えられる
4. 船頭が落ちないように靴を固定する金具が付いている

解説

ベネチアのゴンドラ

イタリアのベネチアでは、船体が細長く船首尾が反り上がったゴンドラが、張り巡らされた水路を縦横無尽に走り回っています。

ゴンドラは、船尾付近の右舷側にある複雑な形をした台座にオールを架け、舳先に向かって左側に立つゴンドリエーレ（船頭）が、一本のオールで、引くというより押す力によって推進させます。水底を棒でつついて進んでいるわけではありません。また、推進力を与えやすいよう右側に傾いて進むため、釣り合いを保つために船体の左側が膨らんだ左右非対称な形をしています。

ヨーロッパ貿易の拠点として栄えていたベネチアは、16世紀のヴァスコ・ダ・ガマの喜望峰航路発見により影響力が衰え、財政に苦しんでいました。ところが、ゴンドラは富の象徴として競うように派手になっていたため、政府はゴンドラの規制法を決め、ゴンドラは黒の塗装を義務付けられることになりました。法律が無効になった今でも、その名残で黒一色に塗られています。

問題30-5

　東京海洋大学が開発した電動船〈らいちょうI〉（全長10m）は、水上バスや定期遊覧船のような使い方を想定していますが、船型は非常に細長いものとなっています。では、その理由は何でしょう。

1. スピードを確保するため
2. バッテリーを搭載しやすくするため
3. 乗降場所の桟橋の長さに合わせるため
4. すべての旅客が外の景色を見やすくするため

解説

電動船〈らいちょうI〉

　排水量型の船には、水線長（喫水線での船の長さ）によって決まるスピードの上限があります。水の抵抗によるもので、この長さの船はこれ以上スピードが出せない（またはかなり出しにくい）という数値です。これを「ハルスピード」といいます。つまり、同じ容積、同じ重さ、同じ推進力だとしたら、短い船より長い船のほうがスピードが出るのです。〈らいちょうI〉は、搭載したバッテリーの電力という限られたエネルギーを有効に使うために、船体を細長くして、このハルスピードを確保しています。

　〈らいちょうI〉は最新のリチウムイオンバッテリーを採用していますが、電気自動車の例を見ても分かるように、バッテリーの性能にはまだ限界があるかもしれません。姉妹船の〈らいちょうN〉は、発電装置としてのエンジンを搭載し、より現実的なハイブリッド型としています。

行ってみよう、見てみよう！

日本の主な海事・海洋博物館 その❸（東海、近畿）

- ● 道の駅「開国下田みなと」
〒415-0000　静岡県下田市外ヶ岡1-1　TEL.0558-25-3500
http://www.kaikokushimodaminato.co.jp/information/
道の駅に併設された「ハーバーミュージアム」では、開国の舞台となった下田の歴史を映像や模型で解説。また「JGFAかじきミュージアム」では、大型魚、カジキ釣りの魅力を伝える。

- ● フェルケール博物館
〒424-0943　静岡県静岡市清水区港町2-8-11　TEL.054-352-8060
http://www.suzuyo.co.jp/suzuyo/verkehr/index.html
清水港をテーマに、港湾の生い立ち、歴史、そして未来への展望……といったものを提示する「船と港の博物館」。多数の模型や資料の展示を通じて、海と人との歴史を学ぶことができる。

- ● 名古屋海洋博物館・南極観測船ふじ
〒455-0033　愛知県名古屋市港区港町1-9　TEL.052-652-1111
http://pier.nagoyaaqua.jp/
「日本一の国際貿易港・名古屋港」をテーマに、港の役割や暮らしとの関わりを、実物や模型で紹介。目の前のふ頭に係留されている南極観測船〈ふじ〉では、南極観測の歴史を学べる。

- ● 海の博物館
〒517-0025　三重県鳥羽市浦村町大吉1731-68　TEL.0599-32-6006
http://www.umihaku.com/
「海民」と呼ばれる漁師、船乗り、海女、そして海辺に住む人が、海と親しく付き合ってきた歴史と現在、さらに未来を伝える「海と人間」の博物館。日本人と海との関係を問う。

- ● 神戸海洋博物館
〒650-0042　神戸市中央区波止場町2-2　TEL.078-327-8983
http://www.kobe-maritime-museum.com/
1987年に神戸開港120年記念事業としてオープンした本格的な海洋博物館。2005年にはリニューアルされ、神戸港をモチーフに、海、船、港をさまざまな角度から紹介する。

- ● 神戸大学海事博物館
〒658-0022　兵庫県神戸市東灘区深江南町5-1-1　TEL.078-431-3564
http://www.museum.maritime.kobe-u.ac.jp/
前身は旧神戸商船大学の資料館。海事全般に関して広く資料を所蔵するが、特に和船に関するものは、船大工が使う板図、道具、また絵馬など、貴重なものがそろっている。

船の運航

4

船に乗って、地球という限られた惑星の中を
動き回る術を海は教えてくれました。

31 航海技術、操船技術／大型船

問題31-1

アメリカ西海岸のサンフランシスコは東京と同じくらいの緯度ですが、東京からサンフランシスコに向けて航海するときは、真東に向かわず、アリューシャン列島の近くを通っていきます。さて、それはなぜでしょう。

1. アリューシャン列島付近を通っていくと最短距離で到達できるため
2. 真東に向かうとハワイ近海を通ることになり、クジラが多くて危険なため
3. 東京から真東に向かう緯度では、東よりの貿易風が強く航行しにくいため
4. 日本の太平洋岸を流れる海流が、北に向かって強く流れているため

解説

大圏航法

地球上の2地点間の最短距離は、地球儀と細いヒモがあれば分かります。丸い地球儀上で東京とサンフランシスコを通るように

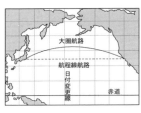

ヒモをぴんと張れば、それが最短航路であり、2地点を通る大圏の一部です。

海図は経度線が平行に引かれた漸長図法（メルカトル図法）で描かれているため、海図上でこの大圏航路をたどると、北の方へ弓状に遠回りをしているように見えますが、実際は最短航路となります。緯度線に沿って真東に行くと、かえって遠回りになってしまいます。日本から北米に向かう大圏航路はアリューシャン列島の付近を通ることになるのですが、この海域は荒天が続くことが多く、航行の難所として知られています。そこで、実際の航海では、大圏航路を踏まえつつ、天候の動向や積み荷の状況、燃料消費量などを考えて、最適な航路を選定しています。

問題31-2

コンパスの方位は、その昔、十二支で呼ばれていて、経度を表す子午線もこのことに由来します。では、「辰巳」とはどの方角のことでしょう。

1. 北東
2. 南東
3. 南西
4. 北西

解説

磁気コンパスの起源

　紀元前、中国ではすでに「磁石は南北を指す」ことが知られており、「司南之杓（しなんのしゃく）」という、レンゲの形をした磁石を方位盤の上に載せたものが発明されました。これを発展させたものが風水で使われる「羅盤（らばん）」で、ヨーロッパに伝わった後、船で使用できるように改良されて磁気コンパスとなりました。

　日本においては、羅針盤は和磁石や船磁石と呼ばれ、江戸時代の中期ごろから広く普及しました。当時は年数や時刻、方角等を表すのに十二支が用いられていたため、北を子として右回りに十二支を当て、北東を丑寅（うしとら）、東を卯（う）、南東を辰巳（たつみ）、南を午（うま）、南西を未申（ひつじさる）、西を酉（とり）、北西を戌亥（いぬい）としました。

　江戸時代、深川にあった遊里を辰巳の里といいましたが、江戸城の南東にあったことからこう呼ばれるようになったものです。現在、国際水泳場のある江東区辰巳もこれを受け継いで命名されました。

問題31-3

日本最大級の海の難所、瀬戸内海の来島(くるしま)海峡では、航路の通航に当たり世界的に見て唯一と思われる方法をとっています。それは何でしょう。

1. 潮流の向きによって正反対の航路を通航しなければならない
2. 海上保安部に通航させてもらえるかお伺いを立てなければならない
3. 急潮専用のタグボートに必ず曳航してもらわなければならない
4. 村上水軍（海賊）の末裔(まつえい)が営む財団に通航料を払わなければならない

解説

順中逆西(じゅんちゅうぎゃくせい)

　本四架橋の一つ、来島海峡大橋の下に広がる来島海峡は、狭く入り組んだ地形と速い潮の流れで、古くから航海の難所として知られています。海峡は点在する島で三つの水路に分かれていて、愛媛県今治市側から、西水道、中水道、東水道と呼ばれています。このうち中水道と西水道の水路が海上交通安全法に基づく航路です。

　最大10ノットに達する強い流れの中、その狭く屈曲した航路を安全に通航できるように考えられたのが「順中逆西」と呼ばれる来島海峡独自の航法です。これは潮流の向きにより航路を変えるというもので、南流のときは左側通行、北流のときは右側通行になります。

　船は流れに逆らう方が舵が効くので、直線状の中水道では潮の流れに沿って走り、大きくZ字に曲がる西水道では潮に逆らって進みます。右側通行という航海の常識が当てはまらない世界で唯一の変則航法です。

南流時の航路

北流時の航路

問題31-4

24時間、3交代制で行われる大型商船の航海当直（ワッチ）のうち、その勤務時間から「泥棒ワッチ」との俗称で呼ばれるのは、どの時間帯を受け持つ当直でしょう。

1. 0時〜4時
2. 4時〜8時
3. 16時〜20時
4. 20時〜24時

解説

泥棒ワッチ

　商船や客船など比較的大型の船舶は、航海中に航海士と部員（甲板手）がペアでブリッジに立って、船の運航状況や周囲の船舶の動きを監視します。航海当直（ワッチ）と呼ばれる業務で、午前0時から4時間ごとの6つの時間帯に分け、午前午後の同一時間帯に当直に立ちます。それぞれの時間帯を「ゼロヨン（0時〜4時、12時〜16時）」、「ヨンパー（4時〜8時、16時〜20時）」、「パーゼロ（8時〜12時、20時〜24時）」と呼びます。

　このうちゼロヨンは、通常、二等航海士が担当し、最初の当直時間が真夜中に当たるため「泥棒ワッチ」とも呼ばれ、睡魔と戦ういちばん厳しい時間帯です。一方、パーゼロは三等航海士が担当し、普通に寝て普通に起きられる体力的に楽な時間帯であることから「殿様ワッチ」と呼ばれます。

　この楽なワッチほど経験の浅い航海士に担当させるのは、安全面に加え、段階を追って技能の向上を図る教育的側面も併せ持っています。

問題31-5

海上での速力を計測するために設置された速力試験標柱（マイルポスト）は、文字通り間隔が1マイルとなっています。では、この標柱間を2分30秒で通過したときの速力は何ノットでしょう。

1. 12ノット
2. 18ノット
3. 24ノット
4. 30ノット

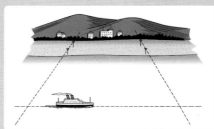

解説

マイルポスト

　その昔、海上で速力を測定するのには木片（ログ）を船首から流して船体を通過する時間を計ったり、結びコブを付けたロープを繰り出すハンドログを使っていました。その後ピトー管を利用した圧力ログで速力を測るようになりましたが、精度としてはもう一つでした。

　船を新造した場合、保証した速力が出るかどうかは非常に大事なことで、これを確認するためにマイルポストが利用されました。これは1マイル（1,852m）離れた2地点間に前後一対で設置された標柱の沖合を航行し、その通過時間を測るもので、例えば2分30秒で通過すると、24ノットであることが分かります。

$$1（距離：マイル）÷ \frac{2.5}{60} （時間：時）=24（速力：ノット）$$

　マイルポストで正確に速力を測定するには助走を長くとり、一定速力で航行しなければならないなど難しい面もあります。現在はGPSによりほぼ正確な速力がリアルタイムで測定できるようになり、マイルポストは使命を終えようとしています。

32 航海技術、操船技術／小型船

問題32-1

漁師さんは、陸上の目標を使って海上での正確な位置を割り出します。沿岸の釣りでも使うこの方法を何というでしょう。

1. 船立て
2. 竿立て
3. 森立て
4. 山立て

解説

秘密のポイント

山立てとは、漁師さんが魚がよく捕れるポイントを覚えておき、確実にその場所に移動して漁をするために利用している手法です。

①まずは手前の物標（図では灯台）とその後方にある物標（図では山頂）を重ねて見る線を見つけます。

②続いて①に対して直角の方向にある物標（図では煙突）とその後方にある物標（図では鉄塔）を重ねて見る線を見つけます。

③この①と②の交点（前を見ても、横を見ても二つの物標が重なって見える場所）がポイントとなります。

山立ての歴史は古く、縄文時代にはすでに確立されていたという説もあります。また、古来より人々は山立てに使う山や岬、小島などを信仰の対象とし、航行の安全や豊漁を祈願していました。

GPSが発達した現在でも、ポイントに素早く入れる、見張りが疎かにならないなどのメリットがあり、よく使われています。

問題32-2

　身長180cm(眼高165cm)の人が海岸線に立って水平線を眺めています。いったいどれくらい先まで見えているでしょう。

1. 約1.8km
2. 約4.6km
3. 約7.4km
4. 約10.2km

解説

水平線までの距離

　地球の半径をR、観測者の身長(目の高さ)をHとすると、水平線までの見通し距離Dは、三平方の定理により

　$D^2 = (R+H)^2 - R^2$、すなわち$D = \sqrt{2RH + H^2}$で求められます。

　眼高165cmの人の場合、この式より求められる水平線までの距離はおよそ4.59km。水平線まではそれほど遠くないことが分かります。

　なお、上記の式をもっと簡単にした、

　水平線までの距離(m) ＝ $3,570 \times \sqrt{観測者の眼高(m)}$ の式でも、おおまかな結果を得ることができます。

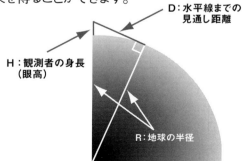

問題32-3

ディンギーの進行方向は、舵に直結したティラーを操作して変えますが、図のように右方向へ変針するときは、どのように操作したらよいでしょう。

1. 左舷側へ押す
2. 右舷側へ引く
3. 船首方向へ引く
4. 船尾方向へ押す

解説

ディンギーのティラー

　キャビンのない小舟のことをディンギーといいます。マストを立てて帆を張ればセーリングディンギーとなります。オリンピックなどで競われるヨットはこの種に属します。帆を張らずに船外機などのエンジンだけで走るものもディンギーと呼びます。

　小舟という意味ではテンダーと呼ぶものもありますが、テンダーはオールなどで推進するために舵が付いていない、ディンギーよりもう少し小ぶりのボートになります。テンダーに小馬力の船外機を付けて走る場合もありますが、この場合もティラーの操作と同じように船外機の方向を変えることによって左右に変針することができます。

　クルマはハンドルを右に回せば、右へ曲がりますが、ディンギーの場合はティラーを右へ押すとラダー（舵板）が左へ動き、艇体は左へ曲がります。ということは、この設問の場合は？

問題32-4

　世界一周を初めて成し遂げたマゼランの船団がスペインに帰還したとき、実際の日付と船内の日付とが一日ズレていました。今では誰もが知っているそのズレた理由とは何でしょう。

1. 日付変更線の概念がなかったため
2. 長期の航海で時計に誤差が生じたため
3. その年がうるう年であったため
4. 地球の公転の影響を受けたため

解説

地球は回る

　1522年に帰還したマゼラン船団は、航海日誌の日付と帰港地の日付が1日ずれていることに気付きました。西回りで地球を一周したため、日付変更線を跨いで1日違ってしまったわけです。ただ、この当時は日付変更線の概念がなかったため、実際に世界一周をしてきたかを疑われ大騒ぎになりました。

　地球の自転により、ある地点より東は時間が進んでいて、西は遅れています。経度15度ごとに1時間の時差がありますが、地球を一周したときに別の日の同一時刻になってしまう矛盾を解消するために日付変更線があります。日付変更線は、経度の基準となるイギリスから180度反対側の太平洋の真ん中にあり、西から東に越えると1日マイナス、逆に東から西に越えると1日プラスになります。

　では、日本標準時（東経135度）の成田を1月22日午前7時に出発した飛行機が、6時間後にハワイ標準時（西経150度）のホノルルに到着したら、到着時刻は、現地時間の何月何日の何時でしょう（答え：21日午後6時）。

問題32-5

昔から北を知るための指針として船乗りに親しまれてきた北極星（Polaris）。北斗七星を使うと簡単に見つけることができます。では、その方法はどれでしょう。

1. ①と②の延長線と③と④の延長線の交点
2. ①と②を結んで①の方向に5倍伸ばした点
3. ①を中心に180度全体を回転させたときの⑦の位置
4. ⑥⑦の延長方向に①から⑦までの距離を足した位置にある点

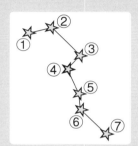

解説

北極星と北斗七星

　電子航海計器などなかった昔の船乗りは、星や太陽の位置などを情報源として自船の位置を知り、航海していました。中でも北極星は動くことがなく、北の方角を知るための情報としてきわめてシンプルで正確なものでした。その後、磁石を用いたコンパスを船乗りたちは使いましたが、何もない時代には、天の極北に位置する不動の北極星は、自船が現在どちらの方向を向いて航行しているのかを知るためだけでも、大切な星の一つでした。

　私たちは子どものころ、北斗七星の柄杓の先端部分の5倍の位置を探し当てることに、宇宙の不思議を体感したものですが、古代の子どもたちも同じようなことをやっていたのでしょうか。

33 航行中の船の動き、アンカリング

問題33-1

ブレーキを持たない船は、車のようには急停止ができません。では、原油を満載した30万重量トンの大型タンカーが、16ノットのフルスピードで走っている状態から全速後進をかけた場合、船がほぼ静止するまでに何分くらいかかるでしょう。

1. 約1分　　2. 約3分　　3. 約15分　　4. 約40分

解説

最短停止距離

全速前進の状態からエンジンを停止し、全速後進にかけて船が実際に停止するまでに進む距離を最短停止距離といいます。30万重量トンのVLCCタンカーの長さは一般に300～340m、最短停止距離はその10～15倍といわれていますから、両者の間をとると、320mの船の最短停止距離はなんと4km、停止に要する時間はおよそ15～20分にもなります。

このような停止を行うのはもちろん緊急の場合に限られます。全速前進からの全速後進はエンジンを壊すおそれがあるので、「クラッシュ・ストップ・アスターン」と呼ばれていますが、それほどの大きなリスクを負いながら緊急停止を行ったとしても、15分から20分の間、なすすべもなく船は進み続けることになります。

従って、巨大船が前方に迫る危険を回避するには、停止するよりも、舵を取って避ける方が有効です。ただし、舵を一杯に取っても、船はすぐには向きを変えてくれませんし、旋回圏も1,000m近くあります。巨大船の操縦は、本当に大変ですね。

問題33-2

航行中の船体は、波や風の影響を受けてさまざまな方向に揺れ動きます。では、「ローリング」と呼ばれる揺れはどれでしょう。

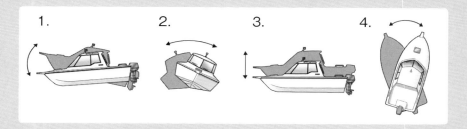

解説

船の揺れとその呼称

水に浮いている船は、風や波によって傾いたり揺れたりします。ローリングは横揺れのことで、周期を持った揺れ方をしますが、これが波の周期と一致すると、大きな揺れとなり危険なことがあります。どちらかというと静止中に気になる揺れです。

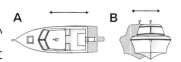

船の揺れについて、もう少し詳しくお話しします。船の重心を通る①縦（船首尾船）方向の軸、②横（船幅）方向の軸、③高さ（深さ）方向の軸の3方向の軸を思い描いてください。船の揺れには、それぞれ軸に対し、軸まわりの回転運動と軸に沿った往復運動によるものがあります。

まず軸まわりの回転運動の揺れですが、①を軸にしたものを横揺れ（ローリング：上図の2）、②を軸にしたものを縦揺れ（ピッチング：上図の1）、③を軸にしたものを船首揺れ（ヨーイング：上図の4）といいます。

次に軸に沿った往復運動の揺れですが、①の軸に沿ったものを前後揺れ（サージング：下図のA）、②の軸に沿ったものを左右揺れ（スウェーイング：下図のB）、③の軸に沿ったものを上下揺れ（ヒービング：上図の3）といいます。

問題33-3

アンカリング中に海底に食い込んでいたはずの錨が外れ、錨を降ろしたまま船が流されてしまう状態を何というでしょう。

1. 抜錨　　2. 流錨　　3. 引錨　　4. 走錨

解説

アンカリング中の注意

　船が錨泊（アンカリング）する場合、錨を海底に落とした後、いくらか風下側に引っ張って、錨の爪を海底にしっかり食い込ませるようにします。この爪がしっかり海底に食い込んだ状態を「錨が海底を掻いている」といい、錨が船を止めておこうとする力を「把駐力」と呼びます。

　通常、1本の錨で錨泊をすると、風や潮流などの影響を受けて、船の重心が横に長い8の字型を描くように一定の軌跡を描いて振れ回ります。ところが波による船の動揺で錨が上に引っ張られたり、潮の流れが反転し、錨が反対方向に引っ張られたりすると、爪が抜けて把駐力がなくなり、船が錨を引きずってずるずる移動していくことになります。このような状態を走錨と呼びます。

　走錨を放置すると座礁などの事故につながるので、錨を打ち直すなど早目の対処が肝心です。

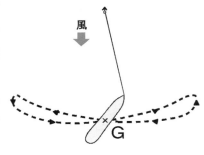

問題33-4

　船が波に向かって航走するとき、船体の船首船底が空中に露出し、直後に海面に叩きつけられて強い衝撃を受けることがあります。では、船首船底部などに損傷を招くことがあるこの現象を何というでしょう。

1. スラミング
2. プープダウン
3. サージング
4. ブローチング

解説

船体損傷の危険

　昭和55年（1980年）の年末、千葉県野島埼沖を激しい風浪に抗してピッチングを繰り返しながら航行していた大型ばら積み船〈尾道丸〉は、前方からの巨大なうねりに乗り揚げた直後に同うねりの谷に突っ込み、衝撃で船首が上方に折れ曲がりました。その後、波浪にもまれて船首部が船体から切断分離しましたが、この事故はスラミングによる激しい衝撃圧が原因と見られています。

　この事故以降、航行中の大型船における船首部スラミングの実態が解明され、船体設計にも生かされるようになりました。それでも、コンテナ船や客船のように大きなフレア（船首が上方に向かって広がる形状）を持つ船は、このフレアが水面に突入するときにスラミングを生じることがあります。

　なお、〈尾道丸〉は遭難信号を聞いて救助に駆けつけた〈だんぴあ丸〉により、乗組員全員が救助されました。荒天の中での奇跡の救出劇は今でも語り草になっています。

問題33-5

荒れた海を航行中の船にはさまざまな力がかかり、船首尾が垂れ下がったり（①）、逆に中央部が垂れ下がったり（②）します。場合によっては船体破壊につながるこのような動きをそれぞれ何というでしょう。

1. ①：サミング　②：ホニング
2. ①：ホギング　②：サギング
3. ①：ホニング　②：サミング
4. ①：サギング　②：ホギング

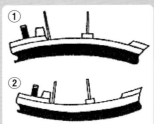

解説

ホグ・サグ

　波の山が船体中央に来たり揚げ荷により船体中央の重量が軽くなると、船首尾の浮力が減少して垂れ下がり、甲板が引っぱられて船底は圧縮されます。豚（hog）の背に似ていることからホギングといいます。

　ホギングとは逆に波の谷が船の中央に来ると、船の中央の浮力が減少して垂れ下がり、甲板が圧縮されて船底は引っぱられます。船体中央が沈み込んだ（sag）状態となるのでサギングといいます。

　船全体の強度を検討する場合、船自体の重量、貨物の重量、波の影響による船が曲がった状態の強度を計算しますが、ホギングやサギングで想定した強度以上の負荷が掛かると船体破壊を起こします。ホギングによる事故は、大型タンカーが中央部に積んだ油を集中的に揚げ荷したことで中央部から折れた事例があります。また中央部が沈下したサギングの状態でスラミングを受け、衝撃で船体が破損した例もあります。

34 航海計器、通信機器

問題34-1

人工衛星を使って位置を出すGPSは、大型船からプレジャーボートまでのあらゆる船はもちろん、カーナビ、携帯電話、登山、測量……とさまざまな用途に用いられています。このGPS衛星に搭載されている特に重要な機器は何でしょう。

1. 原子時計
2. 観測用カメラ
3. レーザー距離計
4. レーダー

解説

GPS

GPS（グローバル・ポジショニング・システム）はアメリカが軍事用に開発したもので、現在、約30個が打ち上げられているGPS人工衛星からの信号を受信し、地球上のどこに位置しているかを特定するシステムです。衛星には非常に正確な原子時計が搭載されていて、時刻や衛星の軌道情報を発信しています。電波の速度は一定なので、衛星が電波を発信した時刻と受信機が電波を受信した時刻とのズレを計算すれば、衛星と受信機との間の距離が測れます。そして最低でも3つ以上の衛星でこの計算を行えば、受信機の位置を特定することができます。

GPSはアメリカが軍事用に開発したものなので、ほかの国にはGPSに頼りきることへの懸念があり、ロシアは「GLONASS」、中国は「北斗」といった独自の衛星測位システムを構築しています。そのうちの一つ、EUが取り組む「ガリレオ」は、計画がスタートしてから紆余曲折がありながらも、2014年8月に実用衛星を2機打ち上げました。しかし軌道への投入に失敗し、実用化のめどはついていません。

問題34-2

ボート釣りの必需品、魚群探知機。水中の様子を知るために、あるものを発射しています。では、そのあるものとは何でしょう。

1. FM電波　　2. レーザー光線　　3. 超音波　　4. 高圧ガス

解説

魚群探知機（魚探）

　魚探の原理は──船底に取り付けた振動子から超音波を発射する／発射された超音波は、魚群や海底に当たると反射する／反射波の一部は船まで戻ってくるので、それを振動子と一体の受信器でとらえる／超音波を発射してから戻ってくるまでの時間を測ることで、その反射物までの距離（水深）が分かる──というものです。

　超音波は海中を1,500m/sの速度で伝搬するので、たとえば1秒で戻ってきたとすれば、その水深は750mということになります。魚探に使われる超音波の周波数は、通常15kHzから200kHz程度。周波数が低いほど探知範囲が広く、高いほど分解能力が高いなど、周波数によって特性が異なるので、用途に合わせて使い分けられています。近年は受信したデータのデジタル処理により、より緻密な分析、表示ができるモデルが登場しています。

　なお、水深を測る測深儀（デプスサウンダー）の原理も魚探と同じです。

　漁探が自船の直下を探知するのに対して、自船の周囲に音波を発し、水中の物体からの反射によって距離だけでなく方位を測定する機器があり、ソナー（SONAR）といいます。SONARは「Sound Navigation And Ranging」の頭字語です。

問題34-3

船舶に緊急事態が発生して無線電話で助けを呼ぶときは「メーデー」の語を3回繰り返しますが、緊急事態ではあるものの、メーデーほど切迫した状況でない場合に3回繰り返す言葉は何でしょう。

1. パンパン　　2. サンデー　　3. カンカン　　4. キャンデー

解説

遭難信号

船舶に緊急事態が発生したときは、国際VHF無線の16CH（メインチャンネル）で他船や陸上局を呼び出します。16CHは世界共通の緊急連絡用周波数チャンネルで、国内外を問わず海上保安に関わる官庁や国際航行している船舶がこれを傍受しています。

今すぐ沈没するといった緊急事態では「メーデー」を繰り返します。このメーデーは5月1日の労働者の祭典「mayday」ではなく、フランス語の「助けに来て」を意味する「m'aider」からきています。

命にかかわる事態ではないが助けがほしいような場合は、これもフランス語の故障を意味する「panne」に由来する「パンパン」の語を繰り返します。実際は以下のように呼び出し、応答があるまで繰り返します。

「パンパン・パンパン・パンパン　こちら○○○（船名）」→「現在位置」→「状況報告」→「求める救助内容」→「損傷等の程度」→「船の特徴」

問題34-4

　国際信号旗による旗旒信号で、アルファベットの「U」と「W」を続けるとどんな意味になるでしょう。またその信号に応えて掲げる信号旗は何でしょう。

1. ご安航を祈る（応える旗：UW1）
2. 私は医師が必要である（応える旗：AN2）
3. えい航の準備をせよ（応える旗：KQ3）
4. あなたは、援助がいるか（応える旗：CJ4）

解説

旗旒信号

　海上で船舶間の通信に用いられる信号の一つに国際信号旗を使用する旗旒信号があります。その使い方は、1857年に英国で制定され現在は国際海事機関（IMO）が管掌している国際信号書に定められていて世界共通です。

　国際信号旗は、アルファベット文字（A～Zの26旗）と数字旗（0～9の10旗）、代表旗（3旗）および回答旗の40旗一組で構成されています。信号の種類には、緊急や重要事項を通信文とした1字信号、一般部門として遭難や損傷などを通信文とした2字信号、そして医療部門の通信文であるMで始まる3字信号があります。

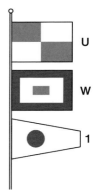

　ちなみに、港などで見かける光景の一つに、出航船に対して他の船舶が「UW」旗を掲げることがあり、これは「ご安航を祈る」という信号の意味です。出航船は「UW1」旗を掲げ「あなたの協力に感謝する。ご安航を祈る」という信号で応答します。

問題34-5

　無線局が無線機器の試験や調整のための電波を発射するときに使用する「本日は晴天なり」の言葉の由来は何でしょう。

1. 天候が晴れだと電波に乗せた声が明瞭に伝わることからきている
2. 電波に乗せたときに一番耳に心地よい言葉であることからきている
3. 英語の発声試験語の「It's fine today」を直訳したことからきている
4. 品質の劣る無線機でも音が割れずに伝わる言葉であることからきている

解説

本日は晴天なり

　無線局がマイクテストや無線電話の調整として電波を発射したり、海上保安庁所属の通信所が海上予報や海上警報を発するときに連呼する「本日は晴天なり」の語は、アメリカのマイクテスト「It's fine today」を直訳したものです。It's fine todayには、英語の発音に必要な要素がすべて含まれていますが、日本語の本日は晴天なりには発声、発音に関して特別な意味はありません。

　ただし、無線局運用規則という法律で、試験電波を発射するときにはこの文言を使うように決められています。従って、天気が悪いからといって「本日は曇天なり」とか「本日は雨天なり」とは言えません。

35 航路標識

問題35-1

右下の写真は、横浜港の本牧D突堤にある船舶通航信号所の、船舶の港への出入りを整理するための「管制信号」です。では、この表示された「F」の信号はどんな意味でしょう。

1. 港に入ることができる
2. 港から出ることができる
3. 出入航のいずれもできる
4. 出入航のいずれもできない

解説

管制信号

海上保安庁では、港内の特定の航路やその付近水域において、高性能レーダー装置やテレビカメラを使って船舶交通に関する情報を収集し、航行する船舶へ海上交通情報の提供と港内交通の管制を行っています。

各航路の信号所では、航路等において船舶の見合い関係が発生しないように、管制信号により入出航船の通航を制限しています。

(例) 京浜港横浜航路(他の港も船舶の大きさ以外はほぼ同じです)

信号	信号の略称	意　味
「I」の文字の点滅	入航信号	・入航船は入航可 ・全長50m以上の船舶は出航禁止
「O」の文字の点滅	出航信号	・出航船は出航可 ・全長50m以上の船舶は入航禁止
「F」の文字の点滅	自由信号	・全長160m以上の船舶は入出航禁止 ・上記以外の船舶は入出航自由
「X」の文字の点灯	禁止信号	・港長の指示船以外入出航禁止

問題35-2

日本の海に浮かぶ航路標識のうち側面標識は、水源（港の奥や川の上流）に向かって右が赤、左が緑の塗色になっています。ところがこれとはまったく逆になっている国もあります。では、左が赤、右が緑の国はどこでしょう。

1. 韓国
2. カナダ
3. アメリカ
4. オーストラリア

解説

側面標識

かつて海上の標識は、国によってさまざまな方式があり、航海者に混乱を与えていました。そこで国際的に海上標識の方式（浮標式）を統一するため、国際航路標識協会（IALA）が国際会議を開き、採択したのが「IALA海上浮標式」です。

国際的に浮標式の統一を図ったのですが、側面標識の塗色および灯色（光の色）の赤を左右のどちら側とするかだけは各国に委ねられています。A地域は水源に向かって左側が赤（左舷標識）で右側が緑（右舷標識）になり、B地域はその逆です。ちなみに日本は右側が赤のB地域です。RRR（レッド・ライト・リターン：帰りは右に赤）と覚えましょう。

地域名	塗色/灯色	標識種類	主な適用国
A	赤	左舷標識	イギリス、フランス、南アフリカ、ロシア、インド、オーストラリアほか
A	緑	右舷標識	イギリス、フランス、南アフリカ、ロシア、インド、オーストラリアほか
B	緑	左舷標識	カナダ、アメリカ、ブラジル、フィリピン、日本、韓国ほか
B	赤	右舷標識	カナダ、アメリカ、ブラジル、フィリピン、日本、韓国ほか

問題35-3

神奈川県の小田原港の入り口に立つこの灯台。地元名産の提灯をイメージしています。このように、海上保安庁が地方自治体などと協力して、周囲の環境や景観に合わせて作成した灯台は、通称、何というでしょう。

1. ご当地灯台
2. デザイン灯台
3. 名物灯台
4. キャラクター灯台

解説

景観と灯台

　灯台を整備する海上保安庁には、近年、地方の歴史、伝統、文化等を後世に伝えるため、これらの特色をとらえたシンボルを付けたり、灯台そのものをモニュメント化してほしいといった要望が地方自治体などから上がってきます。

　こういった要望に応え、周囲の環境や景観にマッチするように整備した灯台を「デザイン灯台」と呼び、地域のシンボルとして市民に親しまれています。

　また、史跡としての価値がある灯台もあり、国際航路標識協会（IALA）が1998年に提唱した「世界各国の歴史的に特に重要な灯台100選」には、以下の5つの灯台が選ばれています。

犬吠埼灯台（千葉県銚子市）　　姫埼灯台（新潟県佐渡市）
神子元島灯台（静岡県下田市）　美保関灯台（島根県松江市）
出雲日御碕灯台（島根県出雲市）

問題35-4

港の入り口にある赤灯台と白灯台。それぞれの灯火の色は紅色と緑色になっています。では、灯火の色に合わせた緑灯台ではなく、白灯台なのはなぜでしょう。

1. 緑色は背景の山や森に灯台が溶け込んでしまい見えにくいため
2. 灯台が建造され始めた明治時代は緑色のペンキが貴重品であったため
3. 古くから緑色は船乗りにとって縁起が悪い色とされているため
4. 日章旗の配色を模して赤色と対になる白色を採用したため

解説

白灯台

　灯台は、航海中の船舶が自身の位置を確認する目的で設置された航路標識の一つです。夜間は灯火によって存在が分かりますが、昼間は目視によって確認するため、船から陸側を見たときに、山や崖や空といった多様な色の背景の中でも目立つよう、一般的に白く塗られています。

　港の入り口にある灯台は、右舷標識、左舷標識に準じて水源（港の奥）に向って右側の灯台を赤色、左側の灯台を緑色としたいところですが、上記のような理由で見やすい白色に塗られています。

　積雪の多い地方では、視認性を高めるために灯台を赤白、あるいは黒白の横じま模様に塗っているものがあります。ただ、塗り分けが始まったのは雪のためではなく、灯台を白帆と誤認し針路を誤らせないためだったそうで、関門海峡に立つ白州灯台がその発祥です。

問題35-5

わが国における灯台の起源は、海岸防備のため煙を上げたり火を焚いたりしたものといわれています。こういった施設を何といったでしょう。

1. 塚
2. 烽(とぶひ)
3. 防人(さきもり)
4. 澪標(みおつくし)

解説

灯台の起源

　天智天皇の2年(663年)、朝鮮半島への遠征(とう)で唐の水軍に大敗を喫した日本は、大陸からの逆襲に備えるため、対馬、壱岐、筑紫に防人を置き、烽を置いて海岸防備の固めとしました。烽とは、緊急時に烽火(のろし)を上げて急を知らせる施設のことです。昼は煙を上げ、夜は松明(たいまつ)を焚いたその烽火が、遣唐使船の帰着の目標として好都合であったため、防衛と標識の目的を兼ねて烽火を上げたこの烽が、わが国の灯台の始まりといわれています。

　その後、海運が発達してくる16世紀末から明治の初めにかけて、灯明台(とうみょうだい)(和式灯台)が大阪の住吉や神奈川の浦賀をはじめ、各所に設けられました。明治元年には洋式灯台の建設が行われ、翌年元日、東京湾口の観音埼灯台に灯がともりました。この日本初の洋式灯台である観音埼灯台の起工日を記念して、11月1日が「灯台記念日」となっています。

　ちなみに、世界的にみると、世界の七不思議のひとつ、エジプト・アレクサンドリアの「ファロス灯台」が灯台の起源といわれています。

36 海図

問題36-1

海の地図である「海図(チャート)」は、世界各国からさまざまなものが刊行されています。では、次の国のうち、全世界の海図を刊行しているのはどこでしょう。

1. イギリス
2. オランダ
3. スペイン
4. ポルトガル

解説

全世界の海図を刊行している国

1967年に採択された条約に基づき、海図等の改善により航海を容易かつ安全にすることを目的に国際水路機関(IHO)が設立されました。これにより、海図編集に関する仕様、電子海図の技術的な仕様、国際海図に関する仕様等の統一が実現しました。

海図は各国が自国の周辺海域を分担して刊行するため、国によって言語表記等が多少異なります。

イギリスでは、その表記が異なる海図をすべて英文表記にして刊行しています。これによって全世界をカバーする航海用海図が同一表記で使用できるため、外航船などが広く利用しています。イギリス以外にもアメリカ、フランス、ロシアは全世界の海図を刊行しています。

ちなみに、日本で海上保安庁が刊行している海図は、日本周辺地域を中心に太平洋、インド洋を刊行範囲としています。日本語と英語を併記した「W海図」と英語だけで表記されている「JP海図」があり、日本近海を航行する外国船の利便性を高めています。

問題36-2

船の運航に欠かせない「海図」ですが、測量から製図まですべて日本人の手で作られた日本で最初の海図は、どこの港のものでしょう。

1. 北海道小樽港
2. 岩手県釜石港
3. 神奈川県横浜港
4. 兵庫県神戸港

解説

日本で最初の海図

　日本人の手による海図第1号は、明治4年(1871年)に測量が始まり、翌5年に刊行された「陸中國釜石港之図」、つまり岩手県釜石港のものです。

　釜石港は東京～函館間の中間補給地点として重要な港であったことや、当時、官営製鉄所が釜石に建設される直前だったため、入港する船舶の安全を確保する必要がありました。そういった理由で同港が海図第1号に選ばれました。

　この海図は、1/36,000の縮尺を持ち、当時の英国海図の図式によって険礁・海岸線などが描かれ、山容はケバ式(地図の地形表現方式のひとつ)で描かれた華麗なものでした。なお、水深の単位には尋が使われていました。

　その後、同年に「野付湾(北海道)」、「宮古港(岩手県)」、「壽都港(北海道)」、「小樽港(北海道)」が刊行され、航路の起点となった「東京海湾」、「箱舘港(北海道)」は翌明治6年に刊行されています。

問題36-3

海図を見ていたら、ある山の高さが70m、この山の前方にある湾の最深部の水深が30mでした。では、山頂から最深部までの高低差はどのくらいでしょうか。

1. ちょうど100m
2. 100mよりも小さい
3. 100mよりも大きい
4. 潮汐により100m前後で変動する

解説

高さ、深さ

海図に記載される高さや深さの基準となる海面は、
①潮汐による海面の上下運動がないと仮定した場合の「平均水面」
②潮汐によりこれ以上低くならない状態の「最低水面」
③潮汐によりこれ以上高くならない状態の「最高水面」
の3種類があります。

山や煙突などの高さの基準面は平均水面で、水深の基準面は最低水面です。平均水面は最低水面より常に高い位置にあるため、この差が加算され、山頂から海底最深部までの高低差は、山の高さと水深の和より大きくなります。

ちなみに、海岸線は最高水面における海と陸との境界線です。

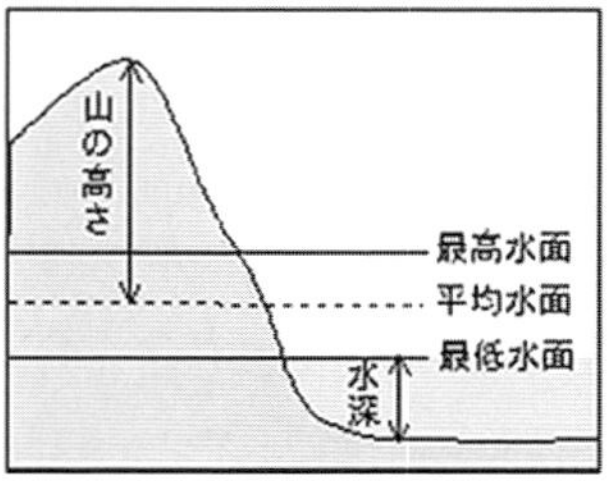

問題36-4

真北に対する磁北の偏りを表す偏差は、海図上のコンパスローズで確認できます。では、日本付近の偏差はどのくらいでしょうか。

1. 2度〜4度　東に偏る
2. 5度〜9度　東に偏る
3. 2度〜4度　西に偏る
4. 5度〜9度　西に偏る

解説

コンパスの原理、偏差

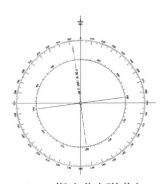

　地球は大きな1個の磁石と仮定でき、北極側がS極に、南極側がN極になっています。磁石にはNからSに向かう磁気の力（地磁気）があり、地球上のコンパスはこの地磁気に沿った磁力線に沿って停止します。ただし、磁力線は地球の構造的影響を受けて地域により複雑に曲がっているため、コンパスは真北を示しません。コンパスの指す北を磁北といい、真北に対する磁北の偏りを偏差といいます。日本付近の偏差は大体5度から9度ほど西寄り（西偏）です。

　海図上で方位を示すコンパスローズには内外2つの方位目盛りがあり、外側が真方位、内側が磁針方位です。偏差は磁北の方位線上に「7°30'W 2015（1'W）」などと表示されています。これは、偏差が2015年測定時に7度30分の西偏で、1年毎に西に1分ずつずれていくことを示します。偏差は地域だけでなく経年でも変化します。

問題36-5

　航海用の電子海図は、今までの紙海図に取って代わる勢いですが、未だに紙海図を超えられないところがあります。それは何でしょう。

1. 針路線が引けない
2. 海図の補正ができない
3. 紙海図よりも情報量が少ない
4. 自船の位置をプロットできない

海上保安庁HPより

解説

電子海図

　世界の海運先進国が運航させる高度に自動化された船舶は、航行の安全確保が重要課題となっています。

　これらの船舶では、今までの紙の海図に代わって電子海図（ENC）を用い、AIS（船舶自動識別装置）、ARPA（自動衝突予防援助装置）やレーダーといった電子化された航行援助装置と組合せ、船位、進路、船速、他船の方位などの航海情報を同一ディスプレイに表示する、電子海図情報表示装置（ECDIS）が一般化しています。

　海図補正は自動でアップデートしてくれるENCですが、紙海図を基に作成されているため、現在のところENCの情報や精度が紙海図を上回ることはありません。また、もとの紙海図の縮尺が異なるデータの接続部分ではデータの不連続が生じることもあり注意が必要です。

　ECDISの操作には相応の知識が必要となるため、海技士（航海）の資格を持っていても、「登録ECDIS講習」の修了証明書がなければECDIS搭載船に乗船することができません。

37 気象海象、天体①

問題37-1

南米ペルー沖の高水温現象「エルニーニョ」。もともとは、ペルー北部の漁民が、毎年クリスマスのころに現れる暖流のことをこう呼んでいました。では、エルニーニョの本来の意味は何でしょう。

1. 神のいたずら
2. 神の誕生日
3. 神の子
4. 神の使い

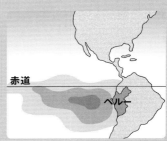

解説

エルニーニョ現象、ラニーニャ現象

その昔、ペルー北部の漁師たちは、毎年クリスマスのころになると、小規模な暖流が現れて海水温が上がり、雨も多くなって漁獲量が減ることに気付きました。彼らはこれを季節現象の一つとして、イエス・キリストが生まれた月にちなみ、エルニーニョ（スペイン語で男の子＝神の子を意味する）と呼ぶようになりました。

太平洋赤道域の日付変更線付近から南米のペルー沿岸にかけての広い海域で、このように海面水温が平年に比べて高くなり、その状態が半年から1年程度続く現象をエルニーニョ現象と呼びます。逆に、同じ海域で海面水温が平年より低い状態が続く現象はラニーニャ現象と呼ばれます。男の子（エルニーニョ）に対する女の子（ラニーニャ）の意でこの言葉が使われるようになりました。

ラニーニャ現象やエルニーニョ現象は、周辺海域だけでなく世界各地の気候変動を伴います。日本でも長雨や冷夏、あるいは暖冬といった影響が観測されています。

問題37-2

潮干狩りに出かけるときに気になる潮の満ち引き。場所によっては何メートルも水面が上がったり下がったりするこの現象は、何によって起きるのでしょう。

1. 太陽の日射
2. 月の引力
3. 海から吹く風
4. 地球の傾き

解説

潮汐と潮流

　海水が満ちたり引いたりして周期的に海水面が昇降することを潮汐といいます。潮汐は主に月や太陽と地球との間に働く引力（と遠心力）によって起こります。月の影響が特に大きく、太陽が潮汐に与える影響は、月の半分程度です。

　満月や新月の前後数日間（旧暦の1日と15日前後）の潮汐を大潮といいます。このときは、月と地球と太陽が直線的に並んで月と太陽の引力が重なるため、潮の干満の差が大きくなります。月の形状が半月になる、上弦や下弦の月の前後数日間（旧暦の8日と22日前後）は小潮といいます。半月のときには、地球から見て月と太陽は直角の方向にあり、月と太陽の引力が相殺されるので、海面の変化は小さくなります。

　そして、潮汐によって生じる海水の流れが潮流です。当然、大潮のときに流れが強くなるので、潮流の影響が大きい瀬戸内海などでは、船舶の航行に大きな影響を与えます。

問題37-3

太陽が水平線に沈む直前に輝くようにまたたき、これを見ると真実の愛に目覚めるといわれている光景を何というでしょう。

1. 蜃気楼
2. セントエルモスファイアー
3. グリーンフラッシュ
4. ブロッケン現象

解説

大気による屈折

太陽が水平線に沈むとき、一瞬、太陽が緑色に見える光景をグリーンフラッシュといいます。

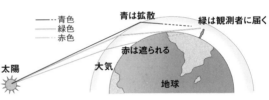

緑色に光る理由は、大気による屈折により、太陽の光がプリズムを通したように分散することにあります。分散した光のうち、青色は拡散し、赤色は直前まで届きますが（これが夕日の赤い理由です）最後は地球に遮られ、赤色や黄色の光より屈折する緑色の光だけが残るものと考えられています。

グリーンフラッシュが現れやすい条件は、緑色が十分残るほど空気が澄んでいて、さらに雲がなく夕日が水平線ぎりぎりまで見えるときで、見学場所は船上が最適といえます。

光と大気が織り成す現象はこのほかに、下層大気の温度差などで光が異常屈折し、船などが海上に浮き上がって見える蜃気楼、悪天候時に船のマストの先端が静電気のコロナ放電で松明のように光るセントエルモスファイアー、霧の中に自分の影が写り込み、周りに虹色の輪が現れるブロッケン現象などが有名です。

問題37-4

気象庁が発表している「春一番」の条件として、間違っているものはどれでしょう。

1. 立春から春分まで間に吹くものであること
2. 本州南岸を発達しながら東進する低気圧があること
3. 暖かく強い南よりの風であること
4. 地方予報区くらいの広範囲に吹くこと

解説

春一番

　冬も終わりごろになると冬型の気圧配置は長続きせず、東シナ海から日本列島の近海を頻繁に低気圧が通るようになります。その中で日本海を北東に進むコースをとる低気圧に向かって温かい南風が吹き込むような気圧配置になることがあります。このような冬から春へ移り変わる時季（立春から春分までの間）に、地方予報区くらい広い範囲で初めて吹く南よりの強い風を、気象庁では「春一番」として発表しています。

　この現象が発生する関東地方から九州地方で発表されますが、発表の目安は各地で若干違い、関東地方では次のとおりです。

　①立春から春分までの間に　②日本海に低気圧があり　③強い南寄りの風（風向は東南東から西南西までで風速は8m/s以上）が吹き　④気温が上昇すること

　こういった条件が整わず、春一番が吹かなかったという年もあります。

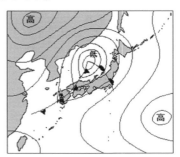

問題37-5

「台風○号の中心気圧は○○ヘクトパスカル」、テレビやラジオの台風情報でおなじみのこのフレーズですが、そもそも台風の中心気圧は主にどのような手法で求めているのでしょう。

1. 気象観測ブイを海上に流して測定する
2. 航空機で台風付近まで近づいて推測する
3. 気象衛星から観測電波を照射し測定する
4. 気象衛星の台風映像を見て推測する

解説

台風の中心気圧

　現在の技術では気象衛星で大気圧を測定することはできません。アメリカでは1936年に航空機でハリケーンの観測を行う法律が制定されて以来、現在でも軍用機による観測が続けられています。果敢にもプロペラ機でハリケーン内部に突入して観測を行う空軍のチームは、賞賛を込めて"ハリケーン・ハンター"と呼ばれています。

　戦後、米軍は太平洋で発生する台風の観測も行いました。近隣国の気象機関は米軍から提供された実測値を中心気圧として発表していましたが、1987年に米軍が台風観測から撤退してからは、主に「ドボラック法」という手法を用いて、静止気象衛星赤外画像を基に中心気圧を推測しています。

　具体的には、衛星画像で見られる台風の雲のパターンから最大風速を推定し、この最大風速から中心気圧を推定します。地上や船舶の観測による実況値があればこれを使って補正し、精度を上げた解析をするそうです。

38 気象海象、天体②

問題38-1

航海の大敵、視界を妨げる「霧」と「もや」。同じように見えますが、その違いは何でしょう。

1. 霧は成分が水滴で、もやは水蒸気である
2. 霧は海上で発生するが、もやは陸上で発生する
3. 霧は視程が1km未満だが、もやは1km以上ある
4. 霧は気温が10度以上で発生するが、もやは10度以下でも発生する

解説

霧ともや

霧は、地表付近に発生した雲で、雨粒に比べてごく小さな水の粒が空気中に浮かんで地面に接している状態をいいます。もやは、空気中の水滴や水分を多く含んだ微粒子によって見通しが悪くなる現象をいいます。同じように見えますが、視程(水平方向での見通せる距離)が1km未満のものを「霧」といい、視程が1km以上10km未満のものを「もや」と呼んで区別しています。

同じように遠くが見えにくい現象として、乾いた微粒子が原因の「煙霧(えんむ)」、中国から飛んできた砂が原因の「黄砂(こうさ)」などがあります。工場の煤煙や自動車の排気ガスなどが原因で発生する光化学スモッグは煙霧の一種です。

「霞(かすみ)」も遠くがはっきり見えない現象の一つで春の季語にもなっていますが、気象観測で定義された用語ではありません。

問題38-2

雲や空模様を見て天気を判断することわざ、観天望気。では、ほとんど起こらないものはどれでしょう。

1. 朝焼けは雨
2. 夕方の虹は雨
3. 日暈月暈（ひかさつきかさ）は雨
4. 山の笠雲は雨

解説

観天望気

観天望気は公式な天気予報として代替えできるものではありませんが、中には科学的な根拠に裏付けられたものもあり、海や山での天候の急変などを予測するための補完手段として知っておいた方がよいものもあります。特に、小さな漁港などでの局地的な気象現象は、その地に長く漁業を営む漁業者の間で伝えられる観天望気によるもので、予想が当たる確率が高く、頼りになる天気占いということができます。

設問の答えにあるものは全国各地で一般的に伝えられているものですが、2の「夕方（あるいは東方）の虹」は「雨」ではなく「晴れ」というのが通説です。

問題38-3

　日本近海で自船の位置を知るためにも重要な北極星は、未来永劫同じ星ではなく、約2万6千年周期の中で次々と別の星に移行しています。それはなぜでしょう。

1. 地球の地軸の傾きが年々変化するため
2. 地球の公転の軌道が一定ではないため
3. 地球の自転軸が歳差運動をするため
4. 地球の自転が定速ではないため

解説

北極星

　地球は自転と公転のほかに歳差運動と呼ばれる回転をしています。地球の自転軸が止まりかけたコマのように回転する運動で、これにより軸の両端である北極と南極が自転とは逆方向に旋回します。1旋回に25,776年かかりますが、その結果、天の北極に最も近い輝星である北極星は時代とともに変化します。現在、北極星の位置にあるポラリスは、いずれエライ（西暦4,100年ごろに最も天の北極に近づく）に北極星の座を譲ります。

　天の北極へ最接近する星は、以下のような行程で繰り返すといわれています。

```
[星の名前]                        [天の北極へ最接近する年代]
①ベガ（こと座α星）                紀元前11,500年ごろ
②トゥバン（りゅう座α星）           紀元前2,800年ごろ
③コカブ（こぐま座β星）             紀元前1,100年ごろ
④ポラリス（こぐま座α星）           西暦2,100年ごろ
⑤エライ（ケフェウス座γ星）         西暦4,100年ごろ
⑥アルフィルク（ケフェウス座β星）   西暦5,900年ごろ
⑦アルデラミン（ケフェウス座α星）   西暦7,600年ごろ
⑧デネブ（はくちょう座α星）         西暦10,200年ごろ
⑨ルク（はくちょう座δ星）           西暦11,600年ごろ
①ベガ（こと座α星）                西暦13,700年ごろ
```

問題38-4

　気象庁は、洋上での観測業務に協力する篤志観測船からデータを収集していますが、ある観測項目については報告を求めていません。それは何でしょう。

1. 露点温度
2. 降水量
3. 着氷の状態
4. 水平視程

解説

船舶気象報

　海洋における気象観測は、専用観測船や一般船舶（篤志観測船）のほか、定置ブイや漂流ブイによるものなどがあります。

　海洋観測を専門とする船は、日本では気象庁をはじめ、大学・官庁等が所有していて、観測船はその精密な測定精度の点において海洋観測には欠くことのできない存在です。

　ただ、観測船だけではデータが足りませんので、世界気象機関（WMO）が推進する篤志観測船計画のもとで、海上を航行する船舶から気象観測データを収集し、国際的に共有しています。篤志観測船は、気象機関の観測業務に協力する民間の貨物船やフェリーなどを指しています。海洋観測に従事したことのない人でも簡単に表層水温を測ることができる投下式自記水温水深計などを積んで観測を行ってもらっています。

　観測結果は国際的に統一された船舶気象報（SHIP報）の形式で気象庁に通報されますが、降水量は、海水の打ち込みなどの影響があり、データに信頼性がないため省略されています。

問題38-5

　海面が上昇する現象を「高潮」と書き、"こうちょう"または"たかしお"と呼びます。では、次の現象のうち、"たかしお"に該当しないものはどれでしょう。

1. 低気圧が通過するときに気圧の低下によって海面が高くなった
2. 月の引力と太陽の引力によって海面が盛り上がって高くなった
3. 一定方向からの強風で海水が岸に吹き寄せられて海面が高くなった
4. 台風の接近による激しい上昇気流で海面が吸い上げられて高くなった

解説

高潮

　台風や発達した低気圧が接近すると高潮（たかしお）注意報が発せられることがあります。これは気圧の低下により海面が上昇することによって起こるものです。このように台風や低気圧の接近による水面の吸い上げや、激しい風による海水の吹き寄せによって海面が異常に上昇することを高潮といいます。

　同じように海面が上昇する現象に高潮（こうちょう）があります。これは月や太陽の起潮力によって海面が上昇し、潮位が極大になった状態をいいます。満潮ともいわれ、通常は1日に2回現れます。

　どちらも同じように海面が上昇する現象ですが、その成因によって字は同じでも違う呼び方をします。なお、たかしおとこうちょうが重なるとより大きく海面が上昇するため注意が必要です。

39 法規

問題39-1

　車は、日本では左側通行ですが、お隣韓国では右側通行といったように、国によって通行方法がまちまちです。では、船はどうでしょう。

1. 車と同じで、国によって違う
2. どの国でも右側通行である
3. どの国でも左側通行である
4. 特に取り決めはなく、自由に走れる

解説

海上交通ルールの基本

　海上交通ルールが陸上のそれと最も異なることは「世界共通である」ということです。世界中の船が守るべき海上交通ルールは、「1972年の海上における衝突の予防のための国際規則に関する条約（COLREG条約）」で決められていて、日本ではこれに準拠した「海上衝突予防法」として法令化されています。

　海上交通ルールの原則は2点あり、「動きやすい船が、動きにくい船を避ける」、そして「海の上では、右側通行」です。ただ、海の上は航路のようなはっきりした通行帯がないところがほとんどですから、右側通行の原則は、常時右側を航行しろというのではなく、2隻の船が「衝突しそうだ」、「もしかして衝突するかな？」と判断した場合に適用されます。

　なお、陸上の交通ルールには標識や信号に関する取り決めがありますが、海上の標識は海上交通ルールとは別の取り決めのため、船の灯火の色と標識の塗色や灯色との間には関連がありません。

問題39-2

夜の海を航行していたら、向かって右側に紅色、左側に緑色の灯火、その間に白い灯火をつけた船影を前方に発見しました。この船は、こちらから見てどの方向に走っているでしょう。

1. こちらに向かってきている
2. 右から左に向かって走っている
3. 左から右に向かって走っている
4. 同じ方向に向かって走っている

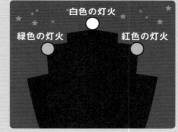

解説

船の灯火

　船舶は、進行方向と自身の位置を表示するため、夜間（日没から日出まで）は灯火をつけています。船の側面には、右舷側に緑色、左舷側には紅色の舷灯を表示しています。そのほかに船尾灯（白色）やマスト灯（白色）などがあり、漁ろう中の船などの特別な作業をしている船は専用の灯火を表示しています。

　それぞれの灯火には射光範囲があり、舷灯は正面や真横からは見えますが、真後ろからは見えません。なお、霧などで視界が悪い場合は、昼間でも灯火を表示します。

　ちなみに船の後にできた飛行機は、船と同じ色の灯火を左右に表示します。右翼の先端に緑色、左翼の先端に紅色の翼端灯があり、衝突防止灯（紅色の閃光）および尾灯（白色）とともに夜間飛行する際の表示が義務付けられています。

問題39-3

　ヨット初心者の学くん。彼女と2人でディンギーを楽しんでいると、正面から同じようなディンギーが来て「スターボ」と叫びました。何だか分からずおろおろしていると、相手がさっと変針して、こっちをにらみながら通り過ぎました。では、学くんはなぜにらまれたのでしょう。

1. 生意気にも彼女を一緒に乗せていた
2. 風下側の学くんに避航義務があった
3. 左舷から風を受ける学くんに避航義務があった
4. 初心者なのに避けようともしなかった

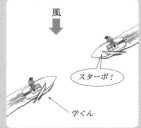

解説

ヨットの航法

　海の交通ルール、海上衝突予防法で、ヨットとヨットが接近し、衝突しそうな状況については、次のような原則が決められています。

①2隻のヨットの風を受ける舷が違う場合、左舷に風を受ける（すなわちポートタック）ヨットが、右舷に風を受ける（すなわちスターボードタック）ヨットの進路を避ける。

②2隻のヨットの風を受ける舷が同じ場合、風上にいるヨットが、風下にいるヨットの進路を避ける。

　①の状況で、ポートタックのヨットが、スターボードタックのヨットの存在に気付いていないと思ったら、スターボードタックのヨットの乗員は相手の注意を喚起するために「スターボード」とか「スターボ」と声をかけることがあります。こうした声をかけられたポートタックのヨットは、ただちにスターボードタックのヨットの進路を避けなければいけません。

問題39-4

世界中がつながった海上では、国際的な統一ルールが不可欠です。では、関連する国際条約の採択などを行い、海上の安全等に最も有効な措置の勧告を行うのは、次のどの機関でしょう。

1. IMO（国際海事機関）
2. IHO（国際水路機関）
3. ITLOS（国際海洋法裁判所）
4. ISA（国際海底機構）

解説

条約の採択

　船は世界中を移動するものですから、19世紀後半から主要海運国が中心となって国際的な取り決めを行ってきました。現在、こういった国際的な統一ルールを決める際のとりまとめを行っているのが、1958年に設立されたIMCO（政府間海事協議機関）から改称（1982年）された国際海事機関（IMO）です。ロンドンに本部があります。

　IMOは、国際連合の下部専門機関として設立され、海上の安全、能率的な船舶の運航、海洋汚染の防止に関し最も有効な措置の勧告等を行うことを目的とし、条約、基準等の作成や改訂を随時行っています。作成された代表的な条約には以下のようなものがあります。

　SOLAS条約：船舶の堪航性や乗員の安全確保のために必要な技術基準
　COLREG条約：航行中の船舶の衝突事故を防止するための航法や信号に関する取決め
　MARPOL条約：海洋環境汚染を防止するための構造設備等に関する基準
　STCW条約：船員に関する訓練や資格、あるいは当直基準に関する国際基準

問題39-5

特別司法警察職員は、警察官ではないのに犯罪者を捜査、逮捕できる権限が与えられた者ですが、次の海上勤務の職員のうち、司法警察職員の職務権限を与えられていないのはどれでしょう。

1. 国土交通省の船員労務官
2. 財務省の通関士
3. 海上保安庁の海上保安官
4. 水産庁の漁業監督官

解説

特別司法警察職員

　犯罪に対し、警察官にはない高度な専門知識、技能や経験を活用して当該分野の犯罪捜査にあたれるよう、捜査権および逮捕権を与えられた公務員を特別司法警察職員と呼びます。特別司法警察職員は、警察官と同じ権限を付与されていますが、いつも単独で捜査をするわけではなく、警察官との協力で犯罪の解決に当たります。

　海上での犯罪現場でも特別司法警察職員は活躍しています。映画「海猿」で有名な海上保安官、密漁等を取り締まる漁業監督官、船員の労働環境等の確保に努める船員労務官などがこれにに該当します。なお、通関士は税関で通関手続の代行などに当たりますが、逮捕権はないため、特別司法警察職員ではありません。

　ちなみに陸上における特別司法警察職員としては、麻薬取締官や刑務官、あるいは宮内庁護衛官などがあげられます。

40 ロープワーク

問題40-1

船を岸壁につなぎとめておくときに使用するロープは、太さによって呼び方が違います。では、大型船に使用される直径40mm以上のロープは、何と呼ばれるでしょう。

1. ホーサー
2. スモールスタッフ
3. ストランド
4. ヤーン

解説

ロープの呼称

ロープは、天然繊維や化学繊維を編んだり撚ったりして作られた綱ですが、細い繊維を何本も何本も束ねて作ります。そのロープを作る過程のものにもそれぞれ呼称が与えられています。まず細い繊維を数十本集めて「ヤーン」を作り、ヤーンを数本撚り合わせて「ストランド」とします。さらにストランドを撚って1本の「ロープ」に仕上げます。ロープの撚り方にも、S撚りやZ撚り、クロスエイトなど、さまざまな方法があります。

船舶で使用されるロープは太さによって呼び方が違います。いわゆるロープ（rope：索）は直径10mm超40mm未満のものをいい、それより細い直径10mm以下をスモールスタッフ（small stuff：細索）、直径40mm以上の太いものをホーサー（hawser：大索）といいます。

ロープは用途によって使い分け、大型船に使われるホーサーには、直径120mmという極太のものもあります。

問題40-2

　船の世界では欠かすことのできないロープワーク。では、欧米で「ウサギが穴から出て、木を一回りして、また穴に戻る」といって覚えるロープの結び方は何でしょう。

1. 8の字結び　　2. もやい結び　　3. まき結び　　4. いかり結び

ウサギが穴から出て　　木を一回りして　　また穴に戻る

解説

キング・オブ・ノット

　船乗りの基本的なロープワークの中でも、最も重要な結び「もやい結び（ボーライン・ノット）」は、別名"結びの王様"（キング・オブ・ノット）と呼ばれています。

　欧文名はbowline knotですから、本来は船のバウ（bow＝船首）を岸につなぐためのものでした。あるいは、横帆の帆船で、帆のばたつきを押さえるため、風上側の縁から引く索具をボーリン（bowline）といい、そこに使われた結びなのでボーリン・ノットといっていましたが、その綴りからバウライン・ノット→ボーライン・ノットになったともいわれています。

　輪の大きさが変化せず、引っ張りにも強いうえ、結びやすく、解きやすいために、海だけでなく登山も含めたアウトドアライフ全般、そして日常生活でも応用できます。船乗りでなくても、目を閉じたままでも結べるようになりたいものです。

問題40-3

ヨット乗りは帆を張るためのロープのことをなぜか「シート」と呼びます。では、このように呼ばれるようになった由来は何でしょう。

1. 船体が傾いて走る帆船は、安全に座っていられるように、ロープで柔軟性のあるシート（座席）を編んだことから
2. ヨットレースのクルーは、守備位置（シート）によって各々のロープワークが異なることから
3. シートは本来「帆布」の意味で、帆を張るためのロープを特にシートと呼んだことから
4. 帆走に使うロープは有機的につながり、まるで切り離す前の1枚の紙に印刷したままの切手（シート）のようだから

解説

シート

ヨットでは、セールの開き具合を決めるための調整をするロープのことをシートと呼びます。ジブセールの開き具合を調整するのがジブシート、メインセールの開き具合を調整するのがメインシートです。ヨットマンのなかにはシート以外のロープのこともシートと呼ぶ人もいるようですが、ロープ全般をシートと呼ぶのは誤りです。

船乗りの作業のなかで、ロープの扱い方は重要で、特に整理の仕方を見ただけでその船乗りの経験の度合いが分かるとさえいわれています。

ジブシート
メインシート

問題40-4

大型船の係船索の名称の組み合わせとして正しいものはどれでしょう。

	A	B	C	D
1.	ヘッドライン	ブレストライン	スプリング	スターンライン
2.	スプリング	ブレストライン	スターンライン	ヘッドライン
3.	ブレストライン	スターンライン	ヘッドライン	スプリング
4.	スターンライン	ヘッドライン	スプリング	ブレストライン

解説

係留索

IMO（国際海事機関）の標準用語による係船索（mooring line）の名称とその使用目的は次のとおりです。（　）内は国内での慣用語です。

- A：Head line（バウライン、おもてもやい）
  スターンライン（D）とともに全体的な船の移動と回頭を抑えます。
- B：Breast line（ブレストライン、ちかもやい）
  船首側：Forward breast line（前部ブレストライン、おもてちかもやい）
  船尾側：Aft breast line（後部ブレストライン、ともちかもやい）
  正横に出したブレストラインで船の左右動を抑えます。
- C：Spring（スプリング）
  船首側：Forward spring（前部スプリング、おもてスプリング）
  船尾側：Aft spring（後部スプリング、ともスプリング）
  斜めに張ったスプリングで船の前後動を抑えます。
- D：Stern line（スターンライン、ともももやい）
  バウライン（A）とともに全体的な船の移動と回頭を抑えます。

問題40-5

大型船舶が岸壁に接岸する際、係留ロープ（ホーサー）を岸壁側の係留作業員に渡すために、ホーサーの先に結び付けた、先端におもりの付いた極細のロープをまず投げ渡します。この極細のロープのことを何というでしょう。

1. ラリアートライン
2. ヒービングライン
3. フライングライン
4. シュートライン

水産大学校HPより

解説

入港作業

　大型船の入港時には、スタンバイといって司厨部を除く全乗組員が船橋、機関室、船首部、船尾部の所定の位置について作業を行います。

　係船作業は、まずホーサーの用意をし、最初に岸壁に送るフォーワードスプリングにヒービングラインという細いロープを取り付けます。ヒービングラインのもう一端にはゴム製のおもりが付けられていて、これを甲板手がカウボーイよろしく振り回して岸壁に投げます。岸壁に待機していた係留作業員が投げられたラインをたぐり寄せ、ホーサーを引き上げてビット（係船設備）にかけます。ホーサーは濡れると重いので車で引くこともあります。

　なお、接岸が難しい大型船は、通船を使ってホーサーを岸壁に渡したり、手で飛ばすよりも遠くまでヒービングラインが届くようにシュートガンと呼ばれる発射機で飛ばすこともあります。

行ってみよう、見てみよう！

日本の主な海事・海洋博物館 その❹（中国、四国、九州）

● 呉市海事歴史科学館「大和ミュージアム」
〒737-0029　広島県呉市宝町5-20　TEL.0823-25-3017
http://yamato-museum.com/
1/10の戦艦〈大和〉の展示で有名なミュージアム。造船の町・呉の歴史を通じて、日本の造船技術や海運の発展の歩みをたどる。さまざまな体験型の展示で工夫を凝らしている。

● 瀬戸内海歴史民俗資料館
〒761-8001　香川県高松市亀水町1412-2　TEL.087-881-4707
http://www.pref.kagawa.lg.jp/setorekishi/
海上交通の大動脈を担ってきた、瀬戸内海の船や漁具、和船の建造現場などを展示。屋外にある古い船や灯篭、そしてすばらしい眺望、日本建築学会賞を受賞した建物も見どころ。

● 海の科学館（琴平海洋博物館）
〒766-0001　香川県仲多度郡琴平町953　TEL.0877-73-3748
http://www.kaiyohakubutukan.sakura.ne.jp/
「海と船の神様」で知られる金刀比羅宮の表参道脇にある博物館。海、船、海事に興味を持ってもらうことを目指した、見て、触れる展示方法で、子どもから大人まで楽しめる。

● 関門海峡ミュージアム（海峡ドラマシップ）
〒801-0841　福岡県北九州市門司区西海岸1-3-3　TEL.093-331-6700
http://kanmon-mojiko.com/guide/sightseeing/post-11.html
関門海峡の過去、現在を五感で感じられるミュージアム。海峡にまつわる歴史を再現した「海峡アトリウム」、大正時代の街並みを再現した「海峡レトロ通り」など、見どころいっぱい。

● 博多ポートタワー・博多港ベイサイドミュージアム
〒812-0021　福岡県福岡市博多区築港本町14-1
［ポートタワー］TEL.092-291-0573
［ミュージアム］TEL.092-282-5811
http://port-of-hakata.city.fukuoka.lg.jp/healing_leisure/port_museum.html
人や物を運ぶ港の役割、博多港の歴史などを、わかりやすいパネルや模型、体験型展示などで解説。また地上100mのポートタワー展望台からは、360度のパノラマ眺望を楽しめる。

5

船の遊び

船でクルージングする、釣りをする、料理をする。
船を題材とした映画、音楽……。
船は、わくわくする遊びの宝庫。

41 クルージング、セーリング

問題41-1

ドライバーの憩いの場となっている「道の駅」。プレジャーボートを対象として、沿岸部に同じような目的の施設が増えてきました。この施設を何というでしょう。

1. 浜の駅
2. 船の駅
3. 港の駅
4. 海の駅

解説

海版・道の駅

いつでも、誰でも、気軽に安心して立ち寄り、憩うことができるマリンレジャーの拠点、それが「海の駅」です。

海の駅は、瀬戸内海の豊かな自然環境と歴史や文化という観光資源を広く発信し、地域経済の活性化を図ることなどを目的に、平成12年3月に広島県豊町に設置された「ゆたか海の駅」が発祥です。

海の駅では、海が持つさまざまな魅力を提供しています。海からの入り口として、ビジターバースを用意。もちろん、陸からも来場できます。レンタルボートを備えているところも数多くあり、釣りやクルージングを楽しむこともできます。海の幸を満喫したり温泉でゆっくりくつろいだりと、地域の特徴を活かしたおもてなしも用意されています。

平成27年現在、海の駅ネットワーク事務局への登録数は150を超え、全国津々浦々の海の駅の最新情報がウェブサイトなどで日々発信されています。

問題41-2

　和歌山から福岡へクルージングする計画を立てました。航行予定の瀬戸内海には大きな橋が何本も架かっています。では、この航海でくぐる橋の順番はどれでしょう。

1. 瀬戸大橋→来島海峡大橋→大鳴門橋→関門橋
2. 大鳴門橋→瀬戸大橋→来島海峡大橋→関門橋
3. 大鳴門橋→来島海峡大橋→瀬戸大橋→関門橋
4. 瀬戸大橋→大鳴門橋→来島海峡大橋→関門橋

解説

瀬戸内クルージング

　瀬戸内海は、大小あわせて525の島がある多島海です。平均水深は38m、全体としては東へ行くほど浅くなっています。潮の干満が激しく、その差は最大4mにも達します。海峡部では干満の差によって激しい潮流が起こり、岩礁などに当たって大きな渦潮を生じるところもあります。鳴門海峡や来島海峡の渦潮は有名です。

　本州西部、四国、九州の10府県に囲まれているため、海をまたいで何本もの橋が架けられています。国立公園に指定されている地域が多く、多数の島々が点在する美しい景観は、島々が波打つようで"しまなみ"と呼ばれています。その島々を結ぶ大橋のダイナミックな景観も、瀬戸内海の景観美の一つとして親しまれています。

　最近のクルージングブームを受け、広島県では瀬戸内クルージングポータルサイトを立ち上げ、全国初の「クルージングコンシェルジュ」を置いてクルージングのサポートをしています。

問題41-3

　東京湾でのクルージングの中でも川崎地区の京浜運河を夜間に巡るコースは大人気で、お目当ては陸上からなかなか見ることができないものです。それは何でしょう。

1. 満天の星空
2. 工場地帯の夜景
3. みなとみらいの観覧車
4. ディズニーランドのライトアップ

解説

近場でクルージング

　クルージングというと遠くへ行くイメージがありますが、実は身近なところでさまざまなショートクルージングが行われています。例えば東京湾では、5,000トン級の大型客船による納涼クルーズから、横浜でのディナークルーズ、横須賀港での軍港巡り、果ては電気推進ボートによるお江戸日本橋舟めぐりまで、まさによりどりみどりといった感があります。

　その中でも近年特に人気なのは、川崎地区の京浜運河を巡るナイトクルージングで、お目当ては京浜工業地帯の工場の夜景です。昼間は殺風景な工場地帯も夜になると様相が一変し、闇の中に浮かび上がる工場の明かりが幻想的な雰囲気を醸し出します。光に包まれたその景色は海からでなければ見られないもので、多くのリピーターを呼ぶほどの人気を博しています。

　手軽に開放感を味わえるクルージングは、全国津々浦々、お住まいのすぐそばで運航されているかもしれません。ぜひ足を運んでみてください。

問題41-4

外航クルーズの人気は年々高まり、日本にも多くの客船が来航します。では、2015年現在、就航している日本船籍の外航クルーズ客船に当てはまらないのはどれでしょう。

1. 飛鳥Ⅱ
2. にっぽん丸
3. おせあにっくぐれいす
4. ぱしふぃっくびいなす

解説

日本の外航クルーズ客船

時間をかけてゆっくりと船旅を楽しむ外航クルーズの人気は年々高まっています。現在、日本船籍の外航クルーズ客船は3隻が就航していて、東京を船籍港とする〈にっぽん丸〉、大阪の〈ぱしふぃっくびいなす〉、横浜の〈飛鳥Ⅱ〉が世界の海へ向けて旅立っていきます。ゆったりと楽しめるよう、いずれも大型の船ですが、〈飛鳥Ⅱ〉が大きさでは他を圧倒しています。

〈飛鳥Ⅱ〉（写真：郵船クルーズ）

にっぽん丸（商船三井客船）：166.6m　22,472t　乗客数：524人
ぱしふぃっくびいなす（日本クルーズ客船）：183.4m　26,594t　乗客数：620人
飛鳥Ⅱ（郵船クルーズ）：241m　50,142t　乗客数：872人

〈おせあにっくぐれいす〉は、1989年から昭和海運によって運航された小型高級クルーズ客船です。就航後間もなく最高クラスの評価を得ましたが、船旅が定着していなかった当時の日本では受け入れられず、国外に転売されてしまいました。その後、所有会社、船名を変えましたが、今でも現役で航行しており、日本にもたびたび立ち寄っています。

問題41-5

1962年、堀江謙一が19ftのヨット〈マーメイド〉で、初の単独無寄港太平洋横断航海に成功したときの所用日数は94日間でした。それから46年後の2008年、〈ジターナ13〉はヨットによる太平洋横断航海の最速記録を樹立しました。では、その所用日数は何日だったでしょう。

1. 9日　　2. 12日　　3. 21日　　4. 33日

解説

ヨットによる太平洋横断航海の日数

　2008年3月29日にサンフランシスコを出航した〈ジターナ13〉は、4月10日に横浜に到着。所用日数は12日、正確には11日00時間12分54秒の記録でした。同艇は全長110ft（33m）の巨大なカタマラン（双胴船）で、長距離航海のスピード記録に挑むプロジェクトのために作られたヨットでした。

　2008年の航海では、全11人の乗員の中に、海洋冒険家の白石康次郎が唯一の日本人クルーとして乗船。最年少で単独無寄港世界一周航海を成功させた経歴を持つセーラーにとっても、平均速度17.04ノット（約33km/h）で走るカタマランの航海は別格で、貴重な経験になったそうです。

〈ジターナ13〉（写真：矢部洋一）

42 フィッシング、トーイング

問題42-1

自動車でトレーラーに載せた小型ボートを牽引(けんいん)するとき、普通自動車免許で牽引可能なトレーラーとボートの総重量は何kg以下でしょう。

1. 350kg以下
2. 500kg以下
3. 750kg以下
4. 1,000kg以下

解説

トレーラブルボート

　ボート用トレーラーは車両分類上「特殊用途自動車」となり、エンジンがなくても自動車とみなされ、公道を走る場合には、車両登録を行って、ナンバーや車検を取得する必要があります。普通自動車免許で牽引できるトレーラーは、道路運送車両法により、サイズや最大積載重量によって、軽・小型・普通の3種類に分類されます。

　道路交通法では、牽引免許を必要とせず普通免許で牽引できるトレーラーは、連結時全長12m以下（積載物のはみ出しを含む）、全幅2.5m以下、全高3.8m以下（積載物を含む）で、トレーラーと積載物の総重量が750kg以下と規定されています。

　トレーラーを牽引するときは、牽引車単体で走っているときにくらべ高度なドライビングテクニックが必要です。また、法定速度が一般車に比べて下がること、高速料金が一つ上のクラスとなること、長さで料金が決まるフェリーは大型トラックと同じカテゴリーとなることなどを知っておきましょう。

問題42-2

刺激を与えることで病気を回復させるツボには、船酔いに有効とされるものもあります。そのツボは、次のうちどれでしょう。

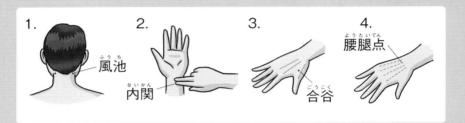

1. 風池（ふうち）
2. 内関（ないかん）
3. 合谷（ごうこく）
4. 腰腿点（ようたいてん）

解説

船酔いに効くツボ

　船酔いをはじめとする乗り物酔いは、乗り物特有の振動や揺れによって内耳の前庭（ぜんてい）や三半規管が刺激を受けて、平衡感覚に異常が生じるために起こる症状です。乗り物酔いには個人差があり、まったく酔わないという人もいます。中には自動車は平気だけれど船はダメという人もいますし、同じ船でも小型船は大丈夫だけれども、大型船のゆっくりとした揺れには耐えられない、といった人もいます。

　対策として、睡眠をしっかりとる、空腹、食べ過ぎ状態を避ける、市販の酔い止め薬を事前に服用する、なるべく遠くの景色を見るなど、いろいろな方法がありますが、乗り物酔い防止のツボである内関を押さえるのが効果的ともいわれています。このツボは手首の下、指3本分の位置で、こぶしを握るとでる2本の筋のちょうど間にあります。このツボに力を加えるバンドが、乗り物酔い防止グッズとして多数商品化されています。お試しあれ。

問題42-3

ボートの船尾からルアー(疑似餌)や餌を付けた仕掛けを流して、船をゆっくりと走らせながら魚を狙う釣りをトローリング(曳き釣り)といいます。その中でも特に「ビッグゲーム」と呼ばれる大物釣りで狙う魚は何でしょう。

1. カジキ　　2. サメ　　3. ブリ　　4. マダイ

解説

ビッグゲーム

　上あごが長くキリのように伸びて吻を形成している大型魚がカジキです。メカジキ、マカジキ、クロカジキなど、世界に10種程度、日本近海に6種程度が棲息し、大型のものは数百kgの大きさに成長します。

　ボートを使ったトローリングにおいて、このカジキ(英語ではビルフィッシュ)を釣る遊びのことを「ビッグゲーム」と言います。そして、一定のルールの下で釣ったカジキの大きさを競う大会が「ビルフィッシュトーナメント」です。この釣りをするためのボートを「スポーツフィッシャーマン」といい、なるべく早く釣り場まで行くためのスピード、外洋の波浪にも耐える堪航性、カジキとのやり取りができる小回りのよさ、といった特徴を持っています。

　ところで、魚屋でカジキの切り身を「カジキマグロ」という名で売っていることがありますが、カジキとマグロは別の種類です。マグロの名を付けることで価値を上げようとしているのでしょうか。

問題42-4

　さまざまなトーイングスポーツの中でも人気の高いウェイクボードと水上スキー。使う滑走具はもちろん違いますが、この両者を分類する決定的な違いは何でしょう。

1. トーイングロープを順手で持つか、逆手で持つかの違い
2. トーイング方向に向かって足先が正面に向くか、横に向くかの違い
3. トーイング中、常に滑走具が水面に接しているか、離れるかの違い
4. 滑走具に足が固定されているか、載っているだけかの違い

解説

ウェイクボードと水上スキー

　ウェイクボードも水上スキーも、板状の滑走具に乗り、モーターボートや水上オートバイに引かれながら水面を滑るウォータースポーツです。

　雪上のスノーボードやスキーと対比されるように、ボードとスキー板という道具の違いもさることながら、決定的な違いは、引かれる方向に対してウェイクボードは足先が横に向き、水上スキーは正面に向くというものです。

　1980年代前半、アメリカ西海岸で「サーフボードをボートで引っ張ってみたら」といった発想から生まれたウェイクボードは、雪上のスノーボード同様、初期の難易度が低いことや、トリックやジャンプなど見た目に派手な技があることから、若年層に瞬く間に広がりました。

　水上スキー、ウェイクボードとも2020年の東京オリンピックの競技候補に挙がりましたが、残念ながら両者とも落選と相成りました。

ウェイクボード

問題42-5

　フィッシングボートには、使用する水域や狙う魚種によってさまざまな種類があり、その装備も千差万別です。では、ほとんどの国産のフィッシングボートには装備されているのに、外国製のフィッシングボートにはまず見られない装備はどれでしょう。

1. 魚群探知機
2. イケス（生簀）
3. アンカーウインチ
4. アウトリガー

解説

日本のフィッシングボート

　日本の釣りに合わせて進化してきた国産のフィッシングボートは、外国製のボートとは異なる装備や機能を持っています。例えば、船底に設けた水密区画に海水を入れ、魚を生かしておくイケスは、外国製のフィッシングボートに装備されていることはまずありません。その代わり、生き餌となる小魚を生かしておくために、ポンプで海水を循環させるボックスのような造作（ライブベイトウェル）が設けられていることが多いようです。

　スパンカー（船尾に装備した帆）も日本独自の装備です。これが風を受けることによって船首が風上を向いて「流し釣り」をしやすくするものですが、外国ではそういう釣り方をしないようです。まさにお国柄ですね。

スパンカーを装備したフィッシングボート

43 料理、魚の知識

問題43-1

　壊血病による死者を出さなかった航海として有名なキャプテン・クックの南太平洋探検。原因不明の難病を予防するために、この航海でよく食べられたものとは何でしょう。

1. ジャガイモの砂糖漬け
2. キャベツの塩漬け
3. ニンニクのワイン漬け
4. キュウリの酢漬け

解説

壊血病予防

　大航海時代、出血性の障害が各器官に起こる「壊血病」は、海賊よりも恐れられていました。15世紀終わりのバスコ・ダ・ガマがインド航路を発見した航海では、船員の半数以上がこの病気で亡くなりました。壊血病の原因は、食料不足や運動不足などといわれましたが、本当のところは謎でした。

　壊血病の原因を世界で最初に科学的に解明したのが、イギリス海軍の船医ジェームス・リンドでした。自身の乗る軍艦での実験により、柑橘類の摂取が壊血病の予防につながることを証明しました。柑橘類、すなわちビタミンCの摂取が壊血病を防いだわけです。

　そこで英国海軍のキャプテン・クックは、〈エンデバー〉号による南太平洋探検の世界周航において、キャベツの塩漬け（ザワークラウト）やライムなどでビタミンCを補給することに気を配りました。また、船内を清潔にし、船員の健康管理に力を注いだ結果、壊血病による死者を出さない航海を成し遂げました。

問題43-2

東郷平八郎が、イギリス留学中に食べたビーフシチューを、部下に作るよう命じたところ、ビーフシチューとは似ても似つかぬ料理ができました。その料理は、現在、何と呼ばれているでしょう。

1. カレーライス
2. 肉じゃが
3. けんちん汁
4. ポトフ

解説

和製ビーフシチュー？

　日本海海戦の劇的勝利で、世界中にその名を知らしめた東郷平八郎。彼が舞鶴鎮守府の初代鎮守府長官に着任した際、イギリス留学時代に食べて感銘を受けたビーフシチューの味が忘れられず、搭乗艦の料理長に艦上食として作るよう命じました。

　しかし、当時の日本にはワインやデミグラスソースがなく、砂糖、しょうゆを使って作ったところ、出来上がったのはビーフシチューとは似ても似つかぬ料理でした。当時、甘煮と呼ばれたこの料理が肉じゃがの始まりといわれています。味はビーフシチューには程遠いものでしたが、兵士たちにおおいにもてはやされ、海軍に広まりました。

　肉じゃがの作り方を示した「海軍厨業管理教科書」が舞鶴の海上自衛隊に残っており、舞鶴市は「肉じゃが発祥の地」を宣言しました。ところが、東郷平八郎が舞鶴の前に赴任していた広島の呉でもビーフシチューを再現させたとのことで、こちらも肉じゃが発祥の地を名乗っています。

問題43-3

　黒船とともに来航したペリー提督が、幕府の役人にある飲み物を振る舞ったところ、栓を開ける音を銃声と勘違いした役人が、刀に手をかけたという逸話が残っています。では、この飲み物は何でしょう。

1. ワイン
2. ビール
3. コーラ
4. ラムネ

解説

炭酸飲料の渡来

　ラムネが日本に伝わったのは、嘉永6年（1853年）にペリー提督が浦賀に来航したときといわれています。江戸幕府の役人たちと艦上での交渉の際、ペリー側からラムネが振る舞われましたが、このときのコルク栓を開ける「ポン！」という音を、役人たちは銃声と勘違いし、「新式の鉄砲か！」と思わず刀に手をかけたというエピソードが残されています。

　「ラムネ」という名称は、レモネードがなまったものといわれています。現在のいわゆるレモネードは炭酸を含みませんが、この当時はレモン風味の炭酸水だったようで、栓もスパークリングワインなどと同じコルク栓を針金で留めたものでした。

　ラムネは日本で初めて製造された清涼飲料水といわれています。ビー玉の栓はイギリスで発明されたもので、特許が切れた後、日本人が改良しました。また、歴史の古い飲み物だけあって、ラムネは夏の季語として俳句でも使われています。

問題43-4

この図は、殻を持った珍しいタコの仲間で船蛸(ふねだこ)と呼ばれますが、この殻は何のためにあるのでしょう。

1. 殻の中に、より多くの墨を貯蔵するため
2. オスが殻の中にメスを呼び込むため
3. 殻の中で卵を育てるため
4. 殻を膨らませて敵を威嚇するため

解説

蛸船(たこぶね)

タコの先祖、オウムガイを連想させるアオイガイは、カイダコ(貝蛸)とも呼ばれ、属名のArgonautaは、オランダ語で船乗りを意味します。アオイガイより一回り小さなフネダコ(船蛸)は、同じアオイガイ科の殻を持ったタコです。世界中の暖海域に生息し、メスは全長10cmぐらい、オスはメスの1/10から1/20ぐらいと小さく、ともに海中を浮遊しながら一生を送ります。

この殻は、腕から出る分泌物により作られたもので、タコブネ(蛸船)と呼ばれ、非常に薄いものです。浮遊移動する生態のため、外敵から身を守るためと、産卵場所を確保するためにあるといわれています。殻を作るのはメスのみです。殻の中に産卵し、交尾後のオスは生殖器をメスの体内に残してくるなどといわれていますが、確たる繁殖方法は確認されていない謎の多いタコです。捕獲するための漁法もないため、網に掛かることはほとんどなく、食卓にあがることもありません。

問題43-5

外洋を航行しているとイルカやクジラに遭遇することがあります。そのイルカとクジラは、どちらもクジラ目に入る同じ仲間ですが、その違いは何でしょう。

1. 泳力の違い（早く泳げるのがイルカ、ゆっくりしか泳げないのがクジラ）
2. 大きさの違い（体長の小さいものがイルカ、大きいものがクジラ）
3. 食性の違い（魚が主食なのがイルカ、プランクトンが主食なのがクジラ）
4. 体型の違い（スマートなのがイルカ、ずんぐりむっくりがクジラ）

解説

イルカとクジラ

　船にまとわりつくように泳ぐイルカと豪快に潮を噴き上げるクジラは、別の生物のように見えますが、生物の分類上でいえばどちらもクジラ目に入る仲間です。

　このクジラ目は、餌を漉し取るヒゲのような器官を持つヒゲクジラと、歯を持つハクジラに分けられますが、このうちハクジラの中で体長がだいたい4m以下の比較的小型のものをイルカと呼んでいます。つまり、イルカとクジラには明確な違いはなくて、単に体の大きさで呼び分けているのです。もちろん4m以上になるイルカも4m以下のクジラもいるので分かりにくいですね。

　英語でも"Dolphin"と"Whale"というように呼び分けていますが、この区別も日本語の区別とほぼ同じです。ただ、英語はイルカを"Dolphin"と"Porpoise"に分けています。この"Porpoise"はネズミイルカの仲間で、吻のないイルカの総称です。

　航行中の船が、船首を上下に振りながら進む動きをポーポイジング（Porpoising）と呼びますが、イルカの泳ぎ方からきた言葉なんですね。

44 海に関する雑学①

問題44-1

全国47都道府県の中で、海岸線の長さが一番長いのは北海道です。では、二番目に長い県はどこでしょう?

1. 青森県
2. 新潟県
3. 長崎県
4. 鹿児島県

解説

海岸線の長さ

日本は、北海道、本州、四国、九州という四つの大きな島と、沖縄をはじめとする大小6,852の島々からなる島国です。その島々を取り囲む海岸線の総延長は約35,000kmあり、地球の一周の長さ約40,000kmのおよそ85%にも及ぶ、国土のスケールをはるかに超えた長さになります。

この海岸線の長さを都道府県別で見てみると、第1位北海道4,454km、第2位長崎県4,189km、第3位鹿児島県2,663km、第4位沖縄県2,035kmとなります。北海道以外の3県は、県の面積は小さいのですが、島の数が非常に多いため、海岸線が長くなっていて、沖縄県が4位に入っているのには驚かされます。海岸線が長そうに見える青森県は約800kmで13位、新潟県は約630kmで22位です。

海岸線の長さに対する面積比を見てみると、第1位長崎県1,020m/km^2、第2位沖縄県894m/km^{2}とこの2県が飛び抜けており、狭いながらも瀬戸内海で多くの島を持つ香川県が373m/km^{2}と第3位で続きます。

ちなみに、世界で海岸線の長い国第1位はカナダで、日本は第6位です。

問題44-2

全世界の海を表す言葉として使われる「七つの海」。では、太平洋、大西洋を除く七つの海を正しく表したのはどれでしょう。

1. 南極海、北極海
2. 南極海、北極海、インド洋
3. 南極海、北極海、インド洋、地中海
4. 南極海、北極海、インド洋、地中海、カリブ海

解説

七つの海

　全世界の海を示す「七つの海」は、もとは、中世の帆船航海時代にアラビア人がその支配する全海洋を指した言葉です。すなわち、南シナ海、ベンガル湾、アラビア海、ペルシア湾、紅海、地中海、大西洋の七海洋を指しました。イギリスの詩人、ラドヤード・キプリングが19世紀末（1896年）に刊行した詩集「七つの海」の中で挙げて世に広まりました。ただ、それ以前にも北海やバルト海、地中海、紅海などが入った、地域によって異なる七つの海があったようです。

　その後、大航海時代を経て、現在の北太平洋、南太平洋、北大西洋、南大西洋、インド洋、北極海、南極海に落ち着きました。

問題44-3

　木造船の大敵、フナクイムシを退治する「船たで」と呼ばれる作業はどんなものでしょう。

1. 陸上げした船体の周囲で火を焚いて船底を乾燥させる
2. 雨水を貯めた大きな水たまりに入れて船底を真水に漬ける
3. 陸上げして乾く前に松ヤニで溶いた炭を船底に塗り付ける
4. 新造時に水に浸かる水線下の船底に銅板を貼り付ける

解説

フナクイムシ

　木造船の時代、フナクイムシによる船底の侵食は、時には沈没を引き起こしかねない大きな問題でした。フナクイムシは世界中に分布するフナクイムシ科の二枚貝で、ミミズのように細長い体の先端に1センチにも満たない小さな貝殻が付いていて、ヤスリ状の貝殻前部を動かして海中の木部に穴を掘ります。

　このフナクイムシを「船たで」または「焚船」といわれる方法で退治していました。その作業は船を陸上げして船体を横に倒し、周囲で焚火をして煙で燻し、船底を乾燥させるものです。面倒な作業でしたが、日本では漁民の縁起かつぎとしても行われていました。

　フナクイムシは木材を削っては飲み込み、石灰質の液体状の物質を出して新しく掘られた穴の表面を固めていきますが、このことに着目したイギリスの技術者ブルネルは、1818年に現在トンネル工事の主流となったシールド工法を考案しました。

問題44-4

　海難や海の事故を海上保安部に伝えるための直通電話は118番です。では、この番号を「118」と決めるにあたり後押しになったと、まことしやかに伝えられる説は次のうちどれでしょう。

1. 当時の海上保安庁所在地の番地
2. 当時の海上保安庁長官の誕生日
3. 当時の海上保安庁担当者の電話番号
4. 当時の海上保安庁担当部署の人員数

解説

118誕生秘話

　海における緊急通報電話番号「118番」は、平成12年（2000年）5月1日に運用が始まりました。制度を作るにあたって、その電話番号が検討されましたが、陸上で確立している緊急番号の110番、119番と同じ11×番台で考えると、空いているのは111番、112番そして118番でした。そこで「時報の117番と消防の119番の間の118番がいいのでは」となり、また、当時の海上保安庁長官の誕生日が1月18日だったため、なおさらグッド！ということで「118番」に決まったといわれています。

　うみの「もしも」は118番 ── のキャッチフレーズでおなじみの同番号は、運用開始から10年以上が経過し、かなり浸透しましたが、困った問題があります。それは通報の99％が間違い電話やいたずら電話だということです。海上保安庁の発表する「118番通報実態」でも開設当初から一向に変わりません。緊急通報の番号であることを強く認識してもらいたいものです。

問題44-5

日本船舶海洋工学会が、当該年において建造された船の中で技術的、デザイン的に特に優秀と認められたものを選定して授与している賞を何というでしょう。

1. シップ・オブ・ザ・イヤー
2. ベッセル・オブ・ザ・イヤー
3. ボート・オブ・ザ・イヤー
4. ヨット・オブ・ザ・イヤー

解説

年間最優秀賞

　市販乗用車の中から年間を通じて最も優秀なクルマを選ぶ日本カー・オブ・ザ・イヤーはつとに有名ですが、船にも同様な選考制度、「シップ・オブ・ザ・イヤー」があります。

　シップ・オブ・ザ・イヤーは、毎年日本で建造された船舶の中で、特に技術的、芸術的、社会的に優れた船舶に対して公益社団法人 日本船舶海洋工学会から送られる賞です。客船、貨物船、漁船・作業船などの部門別に候補が挙げられ、部門賞が選ばれます。そして、その中から特に優秀なものに対してその年のシップ・オブ・ザ・イヤーが贈られます。近年は、省エネ、エコ、バリアフリーといった点で評価の高い船が候補に挙がっています。

　シップ・オブ・ザ・イヤーは大型船が中心ですが、平成20年（2008年）より国内で市販されるモーターボートを対象に「日本ボート・オブ・ザ・イヤー」が始まり、栄えある第1回はトヨタ・ポーナム28Lが受賞しました。

45 海に関する雑学②

問題45-1

日本国内で、小型船舶の在籍数が一番多い県はどこでしょう。

1. 神奈川県
2. 愛知県
3. 広島県
4. 長崎県

解説

小型船舶の在籍数

　日本小型船舶検査機構（JCI）の統計資料、小型船舶都道府県別・用途別在籍船数を見てみると、小型船舶（総トン数20トン未満の船舶）のうちプレジャーボートは、種類（用途）によって在籍船数に特徴があります。

　モーターボートは、第1位は広島県で、以下長崎県、愛媛県、愛知県などが続きます。ヨットは、神奈川県がダントツ第1位で、第2位が兵庫県、以下静岡県、大阪府などが続きます。水上オートバイは、第1位は愛知県で、大阪府、北海道などが続いています。

　推移を見てみると、それぞれ順位に多少の変動はありますが、1位の県に変化はありません。乗れる環境や保管できる環境、あるいは歴史的背景が大きく作用していると考えられます。

　遊漁船、漁船、小型兼業船を含めた小型船舶全体の在籍数は、ここ数年、第1位広島県、第2位愛知県、第3位北海道で変動はありませんが、年々減少傾向が続いています。

問題45-2

艦橋や甲板などの厳しい気象条件下で使用するため、風向により左右どちらにでも前合わせを変えることが可能な、イギリス海軍が艦上用の軍服として採用していたこのコートを何というでしょう。

1. シーコート
2. イーコート
3. ピーコート
4. ジーコート

解説

船にまつわるファッション

　ピーコートは15世紀ごろのオランダで漁師や船乗りが着ていた「ピイヤッケル (pij jekker)」が語源とされています。粗い毛織物（ピイ）の厚手の防寒上着でした。それが軍服として採用され、後に一般のファッションとして普及しました。

　こういった海の男のウェアが制服や街着として定着した例が、ほかにもあります。ダッフルコートは北欧の漁師の衣服がルーツで、フィッシャーマンズセーターもアイルランドやスコットランドの漁師の仕事着がルーツです。女学生の制服、セーラー服は、文字通りセーラー（水夫）が甲板着として着ていたもので、大きなセーラーカラーが特徴です。

　そしてブレザー。そのうちダブルブレストはイギリス海軍の軍艦〈ブレザー〉号が制服にダブルの金ボタンのジャケットを揃えたのが始まりで、シングルブレストはケンブリッジ大学とオックスフォード大学の対抗レガッタレースで、ケンブリッジ大学が燃えるような (Blazer) 真紅のジャケットを揃えたことに由来します。

問題45-3

自国の周辺で魚や海底資源を取ったり管理する権利が及ぶ範囲を示す排他的経済水域（EEZ）は、自国の沿岸からどれくらいの距離までのことをいうのでしょう。

1. 100海里
2. 150海里
3. 200海里
4. 250海里

解説

領海と排他的経済水域

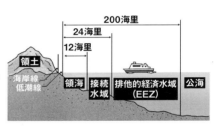

「排他的経済水域（EEZ）」とは、国連海洋法条約に基づいて設定される、沿岸から200海里（約370km）以内の海域で、その沿岸国に天然資源（漁業資源、鉱物資源等）の開発や海洋環境の保全といった限定された事項の経済的な管轄権が与えられています。特定の事項以外は沿岸国の法令は適用されず、外国船は自由に航行できます。

これに対し、領土、領空のように、自国の主権が及ぶ海域を「領海」といい、沿岸から12海里（約22km）以内に設定されています。なお、その国の平和、秩序を乱さない外国船には、領海内であっても通航できる無害通航権が与えられています。

これらの海域の基準は沿岸に設けられた基線で、海岸の低潮線を基本とし、著しく曲折している海岸などは適当な点を結ぶ直線基線となっています。我が国の直線基線は、全国15の海域で合計162本が設定されています。

そして排他的経済水域以遠は公海といい、国際法上、どこの国にも属さず、各国が自由に使用できる海域です。

問題45-4

地理でマリアナ海溝のことを勉強した学君は考えました。地球上の陸地を全部削って海を埋め立てていくと地球はどうなるんだろう?

1. 海抜3mの陸地だけの星になる
2. ちょうど海抜0mの陸地だけの星になる
3. 大陸棚と同じ深さ200mの海だけの星になる
4. 深さ2,400mの深海だけの星になる

解説

海の深さ

　世界で最も深い海として知られるフィリピン沖のマリアナ海溝にあるチャレンジャー海淵は水深10,920mです。この深さは米国の〈トーマス・ワシントン〉号と日本の海上保安庁の測量船〈拓洋〉の測定から得られたものです。地球の海全体の70%が水深3,000mから6,000mの深さだそうで、その平均は3,500mを軽く超えます。水深200mより浅い大陸棚のような海域はいかに少ないかが分かります。

　また、陸地を削り取って海を埋め立てても陸地はまったく残らず、地球は水深2,400mの海だけの星になってしまいます。ただ、その海も、深さは地球の半径6,370km（赤道半径）に比べれば0.05%（体積比でも0.14%）足らずで、まるでピンポン球（半径2cm）にラップ（厚さ10μ）を1枚かけたようなものです。

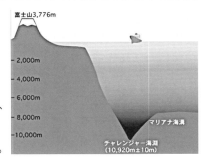

　ちなみに、チャレンジャー海淵の名称は、1951年にマリアナ海溝の調査をし、10,000mを超える海底の土を採取した英国の〈チャレンジャー8〉号に由来します。

問題45-5

地球の表面積の7割を占める海水の塩分濃度は平均3.5％ですが、大洋によって若干濃淡があります。では、3大洋の塩分濃度を高い順に並べたものはどれでしょう。

1. インド洋 ＞ 太平洋 ＞ 大西洋
2. 大西洋 ＞ 太平洋 ＞ インド洋
3. 太平洋 ＞ 大西洋 ＞ インド洋
4. 大西洋 ＞ インド洋 ＞ 太平洋

解説

海水の塩分濃度

　地球の表面積の約7割を占める海の水は、塩素イオンやナトリウムイオンなどたくさんの元素が溶け込んでいるため塩気があります。海水中に含まれている塩類の量は塩分と呼ばれ、海水の塩分濃度は平均3.5％、つまり海水1kgには約35gの塩が含まれています。

　3大洋の塩分を比較すると、大西洋3.53％、太平洋3.49％、インド洋3.48％となっています。また、北極海、南極海は2.55％で、これは氷が解けたり海水の蒸発が少ない海域のため塩分が低くなっています。なお、泳げない人でも決しておぼれることがないといわれる死海（イスラエル・ヨルダン）の平均的な塩分濃度は31.5％もあります。

　ちなみに、地球上の水の総量は約14億km^{3}あり、その約97％が海水です。これをすべて蒸発させ、残った塩を現在の陸地部分に積み上げると、高さは100mを軽く超えるそうです。

46 小説

問題46-1

鳥取県に出店し、全国展開を果たしたことで話題になった「スターバックスコーヒー」。店名は、小説「白鯨(はくげい)」に登場する捕鯨船の乗組員、スターバックに由来します。では、彼の職名は何でしょう。

1. 一等航海士
2. 二等機関士
3. 甲板長
4. 砲手

解説

スターバックスと白鯨

スターバックスコーヒーは、1971年にシアトルで創業し、エスプレッソバーが大ヒットして現在の地位を確立しました。社名は、シアトル近郊のレーニア山にあったスターボ採掘場と、小説「白鯨」に登場する捕鯨船の一等航海士スターバックから取ったそうです。

「白鯨」はアメリカの作家ハーマン・メルヴィルが1851年に発表した長編小説です。モビーディックと

「白鯨(上)」(岩波文庫)

呼ばれる凶暴なマッコウクジラに片足を食べられた捕鯨船〈ピークォド〉号のエイハブ船長が、復讐に燃え、この白鯨を追います。スターバックら乗組員は、エイハブ船長とともに報復を誓い、数年の歳月を経て、再びこの白鯨と対決する話です。

メルヴィル自身が捕鯨船の水夫として働いた経験があり、その緻密な描写から海洋文学の傑作と評されるとともに、当時の捕鯨を克明に伝える貴重な史料ともなっています。

問題46-2

「トムソーヤの冒険」の作者マーク・トウェイン。このペンネームは、作者がミシシッピ川の水先案内人だったときによく聞いた言葉に由来します。では、その由来とは何でしょう。

1. 蒸気船が安全に航行できる水深である2ファゾムから
2. 自身が乗船していた蒸気船である第2便から
3. 蒸気船の1回の船賃である2セントから
4. 蒸気船の出航時間である午後2時から

解説

マーク・トウェイン

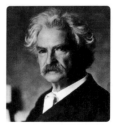

　東京ディズニーランドにあるウェスタンランドの蒸気船の船名でもおなじみ、アメリカの小説家、マーク・トウェイン（1835～1910年）は、本名をサミュエル・ラングホーン・クレメンズといいました。

　そのウェスタンランドのモチーフとなった、1850年代のミシシッピ川を航行する船には、川の深さを測る役目の人が乗っていて、当時の水深の単位"ファゾム"で測った深さを水先案内人に伝えたのです。例えば深さが2ファゾムあるときは、2（two）のことを古い言葉でトウェイン（twain）といったので、「バイ・ザ・マーク・トウェイン（by the mark twain）!」と伝えました。

　水先案内人をしていたサミュエル・クレメンズは、聞き慣れたこの言葉からマーク・トウェインというペンネームにしたとされてます。

　ちなみに、ファゾムとは両手を左右にいっぱいに伸ばしたときの長さで、日本でいうところの「尋（ひろ）」にあたります。ヤード・ポンド法で1ファゾムは1.83mとされています。

問題46-3

　アメリカの作家ヘミングウェイの小説「老人と海」では、老漁師が4日間の死闘ののち大きなカジキを仕留めます。小舟に乗せられないカジキを船側に縛り付けて帰港しますが、その帰途、どんなことが起こったでしょう。

1. 港から随分離れていたので途中でカジキが腐ってしまった
2. サメに肉を食われてカジキは骨だけの残骸となってしまった
3. ペアとみられるメスのカジキが追ってきたのでこれも仕留めた
4. 老人はカジキとの死闘で力尽き亡骸(なきがら)を乗せた船だけが帰ってきた

解説

老人と海

　アーネスト・ヘミングウェイの「老人と海」は、1952年に出版されてベストセラーとなった海洋小説です。

　何日も不漁が続き、だれも海に出なくなったキューバの貧しい漁村から、老漁師サンチャゴが小舟に乗って一人で漁に出ます。持っていった餌も切れかかったとき、巨大なカジキが針に掛かります。4日間の死闘の末、サンチャゴはついにカジキを仕留め、小舟に縛り付けて帰途に就きますが、このカジキを狙って次々にサメが襲いかかります。サンチャゴは必死にカジキを守ろうとしますが、みるみる食いちぎられ、港に帰り着いたときには巨大な骨だけが残っていました。

　ヘミングウェイがノーベル文学賞を受賞する2年前に出版された本作は、カジキやサメと戦う老人を通して自然の厳しさ、人生の難しさを問う示唆に富んだ作品です。サンチャゴが苦境に陥ったときに話すさまざまな言葉が胸を打つ名作です。

問題46-4

古典的な海洋冒険SF小説「海底二万里」(ジュール・ベルヌ著)に登場する潜水艦〈ノーチラス〉号には、艦船を襲って船底に穴を開ける強力な武器が備わっています。それはどれでしょう。

1. 船首に取り付けられた角
2. 上部に取り付けられた背ビレ状のノコギリ
3. デッキから発射する魚雷
4. 伸縮式アームに取り付けられたドリル

解説

海底2万マイル

この物語は──船舶が何者かによって船底に大穴を開けられる事件が続発し、巨大なクジラの仕業ではないかと疑った海洋生物学者のアロナックス博士が調査に乗り出すと、その調査船も襲われてしまう。襲ったのは船首に強靭な角を備えた潜水艦〈ノーチラス〉号だった。それから博士と助手ら3人は〈ノーチラス〉号に乗り込み、謎の経歴を持つネモ船長とともに世界を巡る旅に出ることになり、さまざまな冒険を繰り広げる──というものです。

原書「Vingt mille lieues sous les mers」の表紙

小説「海底二万里」(原題:Vingt mille lieues sous les mers)がフランスで発表されたのは1870年。最初に邦訳されたのは1956-57年の岩波少年文庫で、その後「海底二万海里」「海底2万マイル」など少し異なるタイトルのものも含め、何種類もの邦訳版が出ています。また映画化も複数回行われており、1954年公開のディズニー版(主演:カーク・ダグラス)が最も有名です。

問題46-5

アーサー・ランサムの小説「ツバメ号とアマゾン号」は、4人の少年少女が夏休みに小さなヨットで冒険をするストーリーで、児童向けの本とはいえ、船好きの大人にも愛されている名作です。この物語の舞台のモデルとなった外国の地域はどれでしょう。

1. フランスのプロバンス地方
2. イギリスの湖水地方
3. アメリカのオレゴン州
4. カナダのケベック州

解説

ツバメ号とアマゾン号

ピーターラビットのお話の舞台でもあるイギリス中西部の湖水地方は、渓谷沿いに大小の湖が存在する風光明媚な地域で、リゾート地としても有名な場所です。1930年に出版された「ツバメ号とアマゾン号」の著者、アーサー・ランサム（1884〜1967年）は、この物語について、自らが湖水地方のウィンダミア湖とコニストン湖で船遊びをした経験がベースになっていると語っています。夏休みに子どもたちだけでヨットに乗り、たどり着いた無人島で過ごす……というわくわくする内容に加え、船や航海に関する記述が本格的で、船乗りやヨットマンに愛読者が多いようです。

その後「ツバメ号とアマゾン号」はシリーズ化され、全部で12作が刊行されました。日本語版は、長年の間に岩波書店から何種類も出ましたが、現在は「岩波少年文庫」「アーサー・ランサム全集」という形で数作が販売されています。

「ツバメ号とアマゾン号」
（アーサー・ランサム全集1／岩波書店）

47 映画、音楽

問題47-1

映画「パイレーツ・オブ・カリビアン」で、ジョニー・デップ扮するキャプテン・ジャック・スパロウの帆船の船名は何でしょう。

1. ドーントレス号
2. インターセプト号
3. ブラックパール号
4. フライング・ダッチマン号

解説

カリブの海賊

　ウォルト・ディズニー自身が監修した最後のアトラクション「カリブの海賊」は、1967年カリフォルニアのディズニーランドでオープンしました。海賊たちの世界観を壮大に表現し、東京ディズニーランドにおいても1983年の開園以来、人気のアトラクションとなっています。

　このアトラクションを映画化したのが「パイレーツ・オブ・カリビアン」シリーズです。2003年公開の第1作（副題「呪われた海賊たち」）は、バルボッサら航海士が率いる船員たちの反乱により〈ブラックパール〉号を乗っ取られた船長のジャック・スパロウが、恋人エリザベスを助けるために彼を頼ってきたウィル・ターナーとともに、バルボッサを倒して船を取り戻すまでのストーリー。全世界興行収入6億5,300万ドルの大ヒットを記録しました。

　大人気の同映画はシリーズ化され、2011年までに4作が製作されました。シリーズ5作目は副題も決まり、2017年7月に公開予定です。

問題47-2

1962年、ヨット〈マーメイド〉で初の単独無寄港太平洋横断航海に成功した堀江謙一が、その航海について書き下ろした著書が「太平洋ひとりぼっち」です。翌年、同書を原作に同名の映画が製作されましたが、その映画の主役を務めた往年のスター俳優は誰だったでしょう。

1. 二谷英明　　2. 赤木圭一郎
3. 宍戸 錠　　4. 石原裕次郎

解説

太平洋ひとりぼっち

　映画「太平洋ひとりぼっち」は、日活の看板男優の一人だった石原裕次郎が独立して興した石原プロモーションの第1回作品です（石原プロと日活の共同製作／1963年公開）。自らが主演し、監督にはすでに巨匠と目されていた市川 崑を起用。当時はまだ珍しかったアメリカ・ロケを敢行した超大作でした。自分が作りたい映画を作るために独立し、最初にこの作品を選んだのは、石原裕次郎自身が熱心なヨットマンであったことと無関係ではないでしょう。

書籍「太平洋ひとりぼっち」（舵社）の現行本

　撮影のために〈マーメイド〉と同型のヨットを3隻建造し（実際に帆走するのは1隻）、スタジオに特設したプール、静岡県下田、ハワイ、サンフランシスコで撮影を行いました。嵐のシーンなどの特撮を担当したのは、のちにウルトラマン・シリーズで有名になる円谷プロでした。

問題47-3

大西洋で発生した史上最強の嵐に巻き込まれた漁船が、必死に生還を試みるさまと漁師たちの人間ドラマを描いた映画「パーフェクトストーム」。主人公のビリー船長が乗る〈アンドレア・ゲイル〉は、いくつかの理由によって、巨大な嵐から逃げ遅れてしまいます。その理由として間違っているのはどれでしょう。

1. 不漁続きの苦境の中、漁獲にこだわった
2. エンジンが故障して修理に時間がかかった
3. ライバルの女船長に負けたくないという思いが強く、判断が遅れた
4. 予定より沖の漁場まで出ていた

解説

パーフェクトストーム

　1991年10月、北大西洋で発生したハリケーンと、爆弾低気圧、寒冷高気圧の3つがぶつかり、未曾有の嵐"パーフェクトストーム"が発生。この嵐に漁船が巻き込まれて遭難した事実を元にして作られた映画が「パーフェクトストーム」です（2000年公開／セバスチャン・ユンガー著の同名の本が原作）。

　映画はCGを駆使した迫力ある嵐のシーンが圧倒的ですが、そこで描かれる人間模様も見どころです。ビリー船長（ジョージ・クルーニー）が率いる延縄(はえなわ)メカジキ漁船〈アンドレア・ゲイル〉は、不漁が続いて水揚げが上がらない中、マサチューセッツ州グロスターの港から出航。予定の漁場で漁をするものの成果は得られず、さらに沖の漁場に賭けた結果、待望の大漁となります。しかしそのころには、ライバル漁船の女船長リンダが無線で警告した通り、巨大な嵐が迫っていて……。

　このあとに展開される嵐のシーンは、大型船からプレジャーボートまで、船乗りなら誰もが背筋が凍る恐ろしい光景です。

問題47-4

ニーノ・ロータの主題曲でおなじみ、アラン・ドロン主演の映画「太陽がいっぱい」で、ドロン扮するトムの悪事が暴かれるラストシーンはどんなだったでしょう。

1. 引き揚げたヨットに友人の死体が絡まっていた
2. ヨットの売買契約でサインした筆跡が違っていた
3. ヨットから死体を捨てたときの目撃者が現れた
4. 友人にヨットでいじめられていたことを打ち明けた

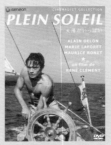

DVD「太陽がいっぱい」
（パイオニアLDC）

解説

太陽がいっぱい

　1960年に公開された「太陽がいっぱい」は、美しく青い地中海を舞台に繰り広げられるサスペンスで、アラン・ドロン主演のフランスとイタリアの合作映画です。

　貧しく翳りを持つ美貌のトム・リプリー（アラン・ドロン）が、自分を奴隷のように扱う富豪の友人を殺害し、その友人になりすまして、彼の財産や彼女までも奪います。何もかもがうまくいくと思われ「太陽がいっぱいで最高の気分さ」と言ったそのとき……。

　この映画ではヨットが重要な役割を果たしており、友人を殺害したあと突然海が荒れ出した中をセーリングするシーンはなかなか迫力があります。そして、ラストシーンでは友人のヨットを売却しようと引き揚げたところ、海に捨てたはずの友人の亡骸が絡み付いていて、ジ・エンド。このラストシーンは、パトリシア・ハイスミスの原作とはまったく違う映画オリジナルですが、バックに流れるニーノ・ロータの名曲とともに心に残るすばらしい演出となっています。

問題47-5

ワーグナー作曲のオペラ「さまよえるオランダ人」は、永遠に海をさまよう呪われたオランダ人船長を、乙女ゼンタの愛が救う物語ですが、船長が悪魔に呪われさまよい続けることとなった訳は何でしょう。

1. 嵐に遭遇した海で神を罵倒したため
2. 祈りもせず聖書を海に投げ捨てたため
3. 財宝ほしさに乗組員全員を殺したため
4. 異国の神を崇めて像を船に祀ったため

解説

フライング・ダッチマン

「さまよえるオランダ人」は、リヒャルト・ワーグナー（1813～1883年）の1843年の作品です。オランダ人船長が荒れる海で神を罵った罰により永遠に海をさまよい続けるという近代イギリスの伝承をもとに書かれたオペラです。

死ぬことも許されず、幽霊船で海をさまよう悪魔に呪われたオランダ人船長は、7年に一度だけ許される上陸時に、彼に永遠の愛を誓う女性が現れれば救われるという。ついに乙女ゼンタによりそのときが訪れたが、ゼンタを慕う狩人を思い、身を退くオランダ人船長。しかし、ゼンタはオランダ人への愛を固く誓い、海へ身を投げる。すると船は沈没。光に包まれたオランダ人とゼンタは永遠の救いを得るのだった ── というお話です。

もとになったイギリスの伝承は、幽霊船〈フライング・ダッチマン〉号がアフリカ最南端の喜望峰近海で嵐の日に現れるというもので、第一発見者が亡くなるという報告が多数あり、大航海時代の恐怖の存在でした。

48 マンガ、テレビ

問題48-1

ホウレン草を食べて超人的なパワーを発揮するセーラー服姿の小男、ポパイ。では、その恋人と、恋敵の大男の名前の組み合わせはどれでしょう。

1. ルーシー …… チャーリー
2. フローレン …… スナフキン
3. オリーブ …… ブルート
4. アリエル …… トリトン

解説

ポパイ・ザ・セーラー

1929年、ポパイは米国の漫画家E.C.シーガーの「シンブル・シアター(Thimble Theatre)」という作品に初めて登場します。当初、物語の主人公は別の人物で、オリーブは主人公の恋人、ポパイは主人公に雇われた船員で、ただの脇役でした。しかしその独特の風貌とセリフまわし、なにより不死身のキャラクターで、またたく間に読者の支持を集め、主役の座と、そしてオリーブのハートを射止めました。

一方、ブルートは単なる悪役としてスポット的に登場し、ポパイにやっつけられて同作品から姿を消しましたが、後にアニメ化の権利を得たフライシャー兄弟が、ポパイの宿敵として再登場させました。オリーブに横恋慕し、力ずくで我がものにしようとしますが、最後はいつもホウレン草を食べたポパイにやっつけられます。

「ポパ〜イ、助けて〜」「オー、なんてこったい！」

問題48-2

　ミッキーマウスの誕生日は、スクリーンデビューを飾った1928年11月18日とされています。では、そのデビュー作でミッキーが下働きとして乗っていた船の名前はなんでしょう？

1. 蒸気船ウィリー
2. 蒸気船マークトウェイン
3. 帆船カティーサーク
4. 帆船メイフラワー

解説

ミッキーマウスのデビュー

　ディズニーの人気キャラクター、ミッキーマウスの誕生日は、映画「蒸気船ウィリー」が一般公開された日（1928年11月18日）とされていますが、近年では「誕生日」に代わって「スクリーンデビュー日」と呼ばれることが多いそうです。その映画は、蒸気船の下働きとして乗っていたミッキーが音楽に合わせてリズミカルに動くパロディ作品です。ちなみに、ミッキーが最初に登場した作品は、短編アニメ「プレーン・クレイジー」でしたが、サイレント映画のため、当時は配給されなかったそうです。

　2008年11月18日、東京ディズニーリゾートは、ミッキーとミニーが80回目の誕生日を迎えたのを記念して、同じ11月18日生まれの10人と東京ディズニーランドの前で特製バースデーケーキを囲んでお祝いをするイベントを行いました。90回目の誕生日にはどんなイベントが開催されるか、今から楽しみです。

問題48-3

「海猿」は、海上保安庁を舞台にした物語ですが、物語で潜水士を目指す若者たちが訓練を積んだ海上保安大学校は、どこにあるでしょう。

1. 神奈川県横須賀市
2. 京都府舞鶴市
3. 広島県呉市
4. 長崎県佐世保市

写真：海上保安庁

解説

海猿の母校

「海猿」は、海上保安官である仙崎大輔を主人公とした、佐藤秀峰作のマンガです。雑誌連載後、テレビドラマ化や映画化され今でも大変な人気があります。この作品によって、海上保安官になるための海上保安大学校や海上保安学校の入試倍率が跳ね上がったともいわれています。

仙崎たちが研修員として潜水研修を受講した海上保安大学校は広島県呉市にあり、海上保安庁の幹部候補生を養成しています。そこで行われる潜水研修は、海上保安官として一定の現場経験を積んだ者が選抜され、約2カ月間、寮生活を送りながら行われます。研修は、座学と潜水実習から構成され、現場で必要とされる実践的な潜水に必要な知識と技術を身に付けます。物語に出てくる訓練シーンは決して誇張ではなく、文字通り命がけの訓練を行っているそうです。

潜水士に任命され、一定の経験を積んだ後は、機動救難士や特殊救難隊員として、さらに高度な海難救助活動に従事する者もいます。

問題48-4

　海洋冒険マンガの傑作「ワンピース」で、麦わらの一味の最初の海賊船は〈ゴーイングメリー〉号でした。では、この船を最も大切にしていたウソップの前に現れた、メリー号に宿る精霊の名前は何でしょう。

1. ウンディーネ
2. アイパルークヴィク
3. エレメンタル
4. クラバウターマン

ジャンプ・コミックス
「ワンピース（第1巻）」
（集英社）

解説

ワンピース

　麦わらの一味の最初の海賊船〈ゴーイングメリー〉号には、船の精霊「クラバウターマン」が宿っていました。クラバウターマンは、本当に大切に乗られた船にのみ宿る妖精で、手には木槌を持ち、船乗りのレインコートを着ています。この〈ゴーイングメリー〉号を特に愛し、ダメージを受けるたびに必死に修理したのがウソップ。クラバウターマンは、ウソップの前に姿を現して、ツギハギだらけで満身創痍の状態となっていたメリー号を自らの手で修復しました。

　その後、メリー号は一度は捨てられましたが、船大工のアイスバーグに直してもらい、一味をエニエス・ロビーから救い出したところで力尽きました。

　本来、クラバウターマンとは、ドイツなど北海やバルト海に古くから伝わる船に宿る精霊のことで、船の凶事を船員たちに知らせるといいます。そして船が難破すると船から離れますが、その前に船長に挨拶に来るそうです。日本でいうところの船に宿る守護神、船霊と同じようなものでしょうか。

問題48-5

　昔からアニメでは、キャラクターの父親が船乗りという設定がよく見られます。では、次のアニメとそこに登場するキャラクターの中で父親が船乗りではないのは誰でしょう。

1. ドラえもん……………… 骨川スネ夫（スネ夫）
2. ひみつのアッコちゃん …… 加賀美あつ子（アッコちゃん）
3. キャプテン翼 …………… 大空翼
4. 崖の上のポニョ ………… 宗介

解説

お父さんは船乗り

　スタジオジブリの大ヒットアニメ「崖の上のポニョ」では、宗介が崖の上の家から沖を通る内航貨物船の船長である父、耕一に向かって発光信号（モールス信号）を送る場面が印象的でした。

　アニメでは、父親が船乗りという設定は結構見られますが、この宗介の父のように、内航船の船長という設定は珍しく、大体が外航船の船長というのがお決まりでした。

　例えば、「キャプテン翼」の大空翼の父、広大は外国船の船長で、ブラジルに航海していたとき、翼の恩師であるロベルト本郷が海へ飛び込んで自殺を図ったのを助けた命の恩人という設定だし、「ひみつのアッコちゃん」のアッコちゃんのパパは豪華客船の船長で、アッコちゃんは普段はママと二人暮らしという設定でした。

　「ドラえもん」に出てくるスネ夫の骨川家にも船乗りがいますが、スネ夫の父ではなく、おじさんという設定でした。

49 施設

問題49-1

海上交通の守り神として広く信仰される、ヒンズー教のガンジス川の水神を名称の由来とする神社はどこでしょう。

1. 熱田神宮
2. 貴船神社
3. 金刀比羅宮
4. 宗像大社

解説

クンピーラ

金刀比羅宮は香川県琴平町の琴平山（象頭山）中腹にある神社で、祭神の大物主神は、五穀豊穣や産業の繁栄、国の平安をつかさどる神様です。また、主が海の彼方から波間を照らして現れたことと、行宮を構えた象頭山のふもとが嵐を避けるための良好な入り江であったことから、海上の守護神としても広く信仰を集めています。

往古は琴平神社と称していましたが、後に本地垂迹説（八百万の神々は、実はさまざまな仏が権現（化身）として日本の地に現れたもの、とする説）の影響を受け、金毘羅大権現と改称しました。金比羅はクンピーラという仏教の権現（元はガンジス川に住むワニの姿をしたヒンズー教の神）に由来します。その後、明治元年に神仏混淆が廃止され、いったんは琴平神社に戻りましたが、金比（毘）羅の間に「刀」の字を入れ、金刀比羅宮になりました。

問題49-2

世界遺産にも登録されている、海の上に社殿があり、海中にあるにもかかわらず、海底に固定していない鳥居がある神社はどこでしょう。

1. 宮島・厳島神社（広島県）
2. 神戸・海神社（兵庫県）
3. 伊勢・伊勢神宮（三重県）
4. 出雲・出雲大社（島根県）

解説

世界遺産

広島県廿日市市にある宮島（厳島）は、宮城県の松島、京都府の天橋立とともに日本三景として知られています。太古より神の島として人々に崇拝され、島内にはさまざまな神社仏閣が点在します。厳島神社は推古元年（593年）、地元の豪族であった佐伯鞍職が創建しました。

海上社殿は平安時代の末期、栄華を極めていた平清盛が平家一族の守護と繁栄を願い造営しました。その華麗な容姿は竜宮城や極楽浄土を模したものといわれています。

厳島神社は航海の守り神であるため、船で鳥居をくぐっていくのが正しい参拝の仕方です。そのため、鳥居が海中に設置されています。もちろん今でも鳥居の下は船で自由にくぐることができますし、昼間はこの鳥居をくぐるろかい船が運航しています。

現在の大鳥居は明治8年に再建されたもので、8代目にあたります。クスノキの巨木製で、最頂部の高さは16.8m。内部に重りを入れるなどして、自重で海底に立っています。

問題49-3

　東京・隅田川に架かる国の重要文化財「勝鬨橋」は、日中戦争のさなかに可動橋として完成し、その後30年にわたり跳開されてきました。ではその勝鬨橋に係るエピソードとして正しくないものはどれでしょう。

1. 3,000トン級の船舶が通航できる跳開式の可動橋として設計された
2. 時代とともに跳開回数は減り、最後に跳開したのは昭和43年12月であった
3. 当初から路面電車用のレールが設置されており、一時は都電が走っていた
4. 建造の目的は、日本万国博覧会の会場周辺整備の一環であった

解説

隅田川の勝鬨橋

　勝鬨橋は、東京・隅田川の最下流に架かる橋で、紀元2600年記念日本万国博覧会が月島地区で開催される予定であったため、通行路として昭和8年に着工され、昭和15年に完成しました。

写真：東京都建設局

当時の隅田川は、船舶通航が多かったことから、3,000トン級の船舶が通航できる跳開式の可動橋として設計されました。

　橋の両端部分はアーチ橋となっていて、橋の中央部の平坦部分がモーターによって約70秒間で最大開度70度のハの字型に開きました。また、当初から路面電車の線路が敷設されていて、昭和43年まで都電が橋上を走行していました。

　船舶通航量の減少とともに車両通行量が増加し、昭和45年12月を最後に跳開されることはなくなりました。平成19年には国の重要文化財に指定され、観光名所の一つにもなっています。

問題49-4

港町・横浜には、外国人船乗りたちが、それぞれをトランプのカードになぞらえて命名した「横浜三塔」と呼ばれる建物があります。では、これに該当しない建物はどれでしょう。

1. 通称エースと呼ばれる日本郵船歴史博物館
2. 通称キングと呼ばれる神奈川県庁本庁舎
3. 通称クィーンと呼ばれる横浜税関本関庁舎
4. 通称ジャックと呼ばれる横浜市開港記念会館

解説

横浜三塔

トランプの絵札のキング、クイーン、ジャックを通称に持つ建物が「横浜三塔」です。キングの塔（A：神奈川県庁本庁舎）、クイーンの塔（B：横浜税関本関庁舎）、ジャックの塔（C：横浜市開港記念会館）のことで、これは、横浜港に入港する船舶の外国人船員たちが、船からの目標物としていた3つの建物をこう呼んだことに由来します。

この三塔は、横浜赤レンガ倉庫や大さん橋国際客船ターミナルなどから同時に見ることができます。また、三塔すべてを見て回ると、願い事が叶うという都市伝説もあり、毎年3月10日には語呂合わせで「横浜三塔の日」としてさまざまなイベントが横浜市内で開催されています。

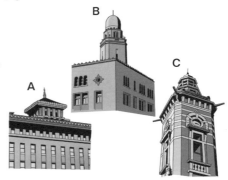

問題49-5

東京ディズニーリゾートの中の船に乗って楽しむアトラクションのうち、海上運送事業として国の許可を受けた船舶を使用していないものはどれでしょう。

1. ジャングルクルーズ
2. カリブの海賊
3. トムソーヤ島いかだ
4. トランジットスチーマーライン

解説

アトラクションも旅客船

　ディズニーランドやディズニーシーのような遊園地内とはいえ、旅客を乗せて船舶を航行させる場合は、海上運送法に基づいて国に船舶運航事業の許可を得なければなりません。東京ディズニーリゾートのアトラクションのための船舶運航事業は、その形態が不定期航路事業に該当するため「人の運送をする不定期航路事業」の届出をして許可を受けています。

　大人気のジャングルクルーズやトランジットスチーマーラインなども、この届出に従ってそれぞれ航路を指定して不定期航路事業を行っています。

　ただし、カリブの海賊などの動力のないボート型のライドに乗って進むアトラクションについては、船舶に当たらないため届出は必要ありません。

航路	航路距離	船名
アメリカ河航路	715m	マークトウェイン号
セトラーズ・トムズ航路	25m、50m	いかだ4隻
ジャングルクルーズ航路	670m	ジャングルクルーズボート13隻
トランジットスチーマーライン	1.6km、1km	トランジットスチーマーライン13隻

50 その他

問題50-1

2000年7月、ハドソン川に係留中の海上自衛隊の練習艦〈かしま〉の船首に、イギリスの豪華客船〈クイーンエリザベス2世(QEⅡ)〉号が接触しました。〈QEⅡ〉からはすぐに謝罪にやってきましたが、これに対し、〈かしま〉の艦長は何と答えたでしょう。

1. 女王陛下にキスされて光栄に思っております
2. 修理費用明細を女王陛下宛にお送りいたします
3. 事故が発覚したら大変なのでどうぞご内密に
4. 損傷も軽微で衝突安全テストは合格です

解説

女王陛下の名を冠した船

20世紀最後となる、2000年7月4日のアメリカ独立記念日を祝う洋上式典に参加するため、海上自衛隊の練習艦〈かしま〉はニューヨークのハドソン川沿いに係留していました。〈かしま〉が入港した翌日、イギリスの豪華客船〈QEⅡ〉が入港してきましたが、当時ハドソン川には2.5ノットの急流があり、その流れにおされた〈QEⅡ〉は、係留中の〈かしま〉の船首部分に接触してしまいました。

〈QEⅡ〉は着岸後、機関長と一等航海士が船長のメッセージを携え謝罪に出向きました。応対した〈かしま〉の艦長は相手の謝罪に対し、「幸い損傷も軽かったし、別段気にしておりません。エリザベス女王陛下にキスされて光栄です」と答えました。このことが話題となり、イギリスのタイムズ紙などで報道されました。

問題50-2

商船三井のコンテナにはある動物のキャラクターが描かれています。ではそのキャラクターとはどれでしょう。

1. 腕に錨の刺青が入ったワニ
2. 大きな歯をむき出しにしたサメ
3. 目を大きく見開いたイルカ
4. 天高く潮を吹きあげるクジラ

解説

コンテナのキャラクター

商船三井のコンテナには、腕に錨の刺青が入っているワニのキャラクターが描かれています。これは、商船三井から「日本航空のツルのマークのようなのものを作成してほしい」という依頼を受けたイラストレーター柳原良平が考案したものです。

キャラクターがワニになったのは、戦闘的で、かつ、水陸両方で活躍するものというところからだそうですが、ワニには凶暴なイメージがあるため、クロコダイルではなく比較的おとなしいアリゲータの特徴を生かし描いたそうです。

また、初めは単なる直方体の銀色のコンテナを抱えていましたが、担当者から「棺おけみたいヤデ」と言われたので、今の詳細なデザインに変わりました。ちなみに、柳原氏曰く、腕に錨の刺青をしているのがオシャレだとか。

問題50-3

山本周五郎の小説「青べか物語」（1960年刊行）で描かれた「べか舟」とは、薄い板で造った簡単な構造の小舟のことです。小説の舞台である千葉県・浦安の海では、べか舟は主にどんな作業に使われていたでしょうか。

1. 刺し網漁
2. 遊漁（釣り客を乗せる）
3. 伝馬（船と陸の間で人を運ぶ）
4. 海苔採り

解説

べか舟

　べか舟は日本の各地にあり、それぞれ船型や構造が異なりますが、浦安のそれは主に海苔採りに使われる舟で「海苔べか」とも呼ばれました。アサリ漁にも活躍したようです。最も舟の数が多かったと思われる昭和30年代の写真には、船溜まりにべか舟がびっしりと浮かぶ光景が見られます。それだけの需要に応えるために、この地域にはべか舟を造る船大工も多く存在しましたが、その後、船の素材は強化プラスチックに変わり、次第に木造船の姿は消えていきました。

初期の文庫版「青べか物語」（新潮文庫）

　山本周五郎は昭和の初めに浦安地域に居住していたことがあり、そのときの体験をもとに、この地域の風俗や人情を描いたのが「青べか物語」です。

　なお、「べか」の語源ははっきりしないものの、べか舟を手で押すと「べこべこする」ということが転じたのではないか、という説があるようです。

問題50-4

広島には「かき船」と称される水上料理店があります。上部構造物を店舗にした船を係留した状態で商いをしているもので、風情あふれる水辺で広島名産のカキ料理を食べられるとあって、観光客にも人気があります。この商売のルーツは、どんなことでしょう。

1. 養殖業者が船の上でカキを試食させた
2. カキが獲れすぎたときに、ほかの船に振舞った
3. 獲れたカキを荷揚げ中の船が、その場で食べさせた
4. 陸上に店を建てられなかった業者が、船上で商売を始めた

解説

かき船

広島のカキ養殖は江戸時代初期から始まり、大消費地の大阪までカキを船で運んで販路の拡大に努めていました。その過程で船上でカキを試食してもらうようになり、さらには船上に座敷を設けて料理を提供する商売に発展したのが「かき船」です。幕末にかけて増え、明治に入ると自走せずに係留固定する今の形態となり、その数は全国で百数十隻に上ったといわれます。カキの土手鍋をはじめとする広島の郷土料理を各地に伝える役割も果たしました。

戦後は陸上への移転や廃業で減り続け、今では広島市内の川岸などに数隻残るだけです。歴史ある観光資源ではありますが、かき船の中には河川の使用許可や治水の問題から移転計画が持ち上がったものの、移転先をめぐって行政や市民の間で意見が分かれるといったニュースも流れています。

問題50-5

　古今東西を問わず大人の趣味として人気の高いボトルシップ。ところが日本と海外のボトルシップには大きな違いがあります。ではその違いとは何でしょう。

1. 日本製はビンの口から船を入れるが、外国製はビンの底を抜いて入れる
2. 日本製は船首がビンの底を向いているが、外国製はビンの口を向いている
3. 日本製は題材がモーターボートしかないが、外国製は帆船しかない
4. 日本製は中に水を入れてリアル感を出すが、外国製は何も入れない

解説

ボトルシップ

　19世紀に始まったとされるボトルシップは、長い航海で暇をもてあました水夫が、飲み干した酒瓶を使って作り始めたのが最初といわれています。

海外のボトルシップ製作キット

　外国だけでなく、日本でも大変人気のある趣味ですが、外国の作品と日本の作品とを見比べると、ボトルの中の帆船の向きが違います。

　これは組み立て方の違いによるもので、海外ではボトルの外で船を完成させてしまい、マストを倒して中に入れた後、船首方向からマストを引き起こします。従って、作品は船首をボトルの口の方に向けた出船のかたちになり、船のサイズはボトルの口から入る大きさが限界となります。

　対する日本では作品を分割して部品をボトルの中に入れ、中で組み立てます。従って比較的大きな作品にすることができ、船首がボトルの底の方を向いた入船のかたちで作られます。なお、「ボトルシップ」は実は和製英語で、英語ではシップ・イン・ア・ボトル (ship in a bottle) といいます。

どのくらいできたかチェックしよう 正解表

1 船の歴史

ページ	問	答	ページ	問	答
10	1-1	2	35	6-1	1
11	1-2	1	36	6-2	2
12	1-3	1	37	6-3	4
13	1-4	1	38	6-4	3
14	1-5	4	39	6-5	1
15	2-1	3	40	7-1	2
16	2-2	2	41	7-2	4
17	2-3	3	42	7-3	1
18	2-4	4	43	7-4	2
19	2-5	1	44	7-5	2
20	3-1	1	45	8-1	3
21	3-2	2	46	8-2	2
22	3-3	4	47	8-3	3
23	3-4	4	48	8-4	1
24	3-5	4	49	8-5	4
25	4-1	3	50	9-1	2
26	4-2	4	51	9-2	1
27	4-3	2	52	9-3	1
28	4-4	3	53	9-4	2
29	4-5	4	54	9-5	2
30	5-1	4	55	10-1	2
31	5-2	3	56	10-2	1
32	5-3	1	57	10-3	3
33	5-4	4	58	10-4	2
34	5-5	3	59	10-5	1

2 船の文化

ページ	問	答	ページ	問	答
62	11-1	3	87	16-1	2
63	11-2	2	88	16-2	2
64	11-3	1	89	16-3	1
65	11-4	4	90	16-4	4
66	11-5	4	91	16-5	3
67	12-1	4	92	17-1	3
68	12-2	4	93	17-2	3
69	12-3	2	94	17-3	3
70	12-4	1	95	17-4	4
71	12-5	2	96	17-5	2
72	13-1	4	97	18-1	3
73	13-2	1	98	18-2	2
74	13-3	3	99	18-3	2
75	13-4	2	100	18-4	1
76	13-5	3	101	18-5	2
77	14-1	4	102	19-1	1
78	14-2	4	103	19-2	2
79	14-3	2	104	19-3	3
80	14-4	2	105	19-4	3
81	14-5	4	106	19-5	1
82	15-1	2	107	20-1	3
83	15-2	1	108	20-2	4
84	15-3	3	109	20-3	1
85	15-4	4	110	20-4	1
86	15-5	2	111	20-5	2

3 船の仕組み

ページ	問	答
114	21-1	1
115	21-2	2
116	21-3	3
117	21-4	1
118	21-5	2
119	22-1	2
120	22-2	3
121	22-3	1
122	22-4	4
123	22-5	1
124	23-1	3
125	23-2	2
126	23-3	4
127	23-4	1
128	23-5	1
129	24-1	3
130	24-2	4
131	24-3	1
132	24-4	3
133	24-5	1
134	25-1	4
135	25-2	2
136	25-3	2
137	25-4	2
138	25-5	3
139	26-1	3
140	26-2	1
141	26-3	2
142	26-4	1
143	26-5	2
144	27-1	1
145	27-2	2
146	27-3	2
147	27-4	1
148	27-5	3
149	28-1	4
150	28-2	1
151	28-3	1
152	28-4	1
153	28-5	2
154	29-1	4
155	29-2	1
156	29-3	3
157	29-4	2
158	29-5	2
159	30-1	3
160	30-2	1
161	30-3	3
162	30-4	2
163	30-5	1

4 船の運航

ページ	問	答
166	31-1	1
167	31-2	2
168	31-3	1
169	31-4	1
170	31-5	3
171	32-1	4
172	32-2	2
173	32-3	1
174	32-4	1
175	32-5	2
176	33-1	3
177	33-2	2
178	33-3	4
179	33-4	1
180	33-5	2
181	34-1	1
182	34-2	3
183	34-3	1
184	34-4	1
185	34-5	3
186	35-1	3
187	35-2	4
188	35-3	2
189	35-4	1
190	35-5	2

5 船の遊び

ページ	問	答
191	36-1	1
192	36-2	2
193	36-3	3
194	36-4	4
195	36-5	3
196	37-1	3
197	37-2	2
198	37-3	3
199	37-4	2
200	37-5	4
201	38-1	3
202	38-2	2
203	38-3	3
204	38-4	2
205	38-5	2
206	39-1	2
207	39-2	1
208	39-3	3
209	39-4	1
210	39-5	2
211	40-1	1
212	40-2	2
213	40-3	3
214	40-4	1
215	40-5	2

ページ	問	答
218	41-1	4
219	41-2	2
220	41-3	2
221	41-4	3
222	41-5	2
223	42-1	3
224	42-2	2
225	42-3	1
226	42-4	2
227	42-5	2
228	43-1	2
229	43-2	2
230	43-3	4
231	43-4	3
232	43-5	2
233	44-1	3
234	44-2	2
235	44-3	1
236	44-4	2
237	44-5	1
238	45-1	3
239	45-2	3
240	45-3	3
241	45-4	4
242	45-5	2

ページ	問	答
243	46-1	1
244	46-2	1
245	46-3	2
246	46-4	1
247	46-5	2
248	47-1	3
249	47-2	4
250	47-3	2
251	47-4	1
252	47-5	1
253	48-1	3
254	48-2	1
255	48-3	3
256	48-4	4
257	48-5	1
258	49-1	3
259	49-2	1
260	49-3	2
261	49-4	1
262	49-5	2
263	50-1	1
264	50-2	1
265	50-3	4
266	50-4	1
267	50-5	2

船の文化検定
ふね検 試験問題集 NEO
2016年2月2日　第1版　第1刷発行

編　　纂	舵社 編集部
編　　著	一般財団法人 日本海洋レジャー安全・振興協会（主編著者／田辺 晃）
監　　修	船の文化検定委員会
編 集 人	田久保 雅己
発 行 者	大田川 茂樹
発 行 所	株式会社 舵社
	〒105-0013 東京都港区浜松町1-2-17 ストークベル浜松町
	TEL.03-3434-5181（代）
イラスト	内山良治（表紙）、柴田次郎（本文）
装　　丁	佐藤和美
印　　刷	図書印刷株式会社

©2016 Published by KAZI Co.,Ltd.
Printed in Japan
ISBN978-4-8072-1139-5
定価はカバーに表示してあります。無断複写・複製を禁じます